Susan Pfeifer & Peter Clotten

Hengste erziehen

Susan Pfeifer & Peter Clotten

Hengste erziehen

So arbeiten die besten Pferdetrainer der Welt

Müller Rüschlikon

Einbandgestaltung: Luis Dos Santos

Titelfoto: Christiane Slawik – Horsesinmedia

Bildnachweis: Gabriele Boiselle: Seite 5, 86 und Umschlagrückseite; CAVALLO: Seite 5, 10, 23, 63 und Umschlagrückseite; Frédéric Chéhu: Seite 15, 111, 112/113, 120, 124/125, 126, 182; Peter Clotten: Seite 9; Magali Delgado – Privatarchiv: Seite 109; Neda Demayo – Privatarchiv: Seite 5, 24 und Umschlagrückseite; Jean-Claude Dysli – Privatarchiv: Seite 41, 44/45; Philipp-Marcel Führer: Seite 88; Klaus-J. Guni: Seite 5, 38 und Umschlagrückseite; Fredy Knie jr. – Privatarchiv: Seite 5, 72 und Umschlagrückseite; Manne Lesjak: Seite 39, 42, 47, 48; Kathleen Lindley – Horsesinmedia: Seite 129, 130/131, 134, 138/139; Anthony Pfeifer: Seite 191; Susan Pfeifer: Seite 6, 8, 13, 14, 17, 18, 20, 22, 25, 26/27, 28/29, 30, 32/33, 34/35, 36, 73, 75, 76, 78/79, 80/81, 82, 84, 172, 174/175, 176/177, 179, 186/187; Frederic Pignon – Privatarchiv: Seite 109; Tina Radke-Gerlach: Seite 5 und Umschlagrückseite; Julia Rau: Seite 62, 65, 66, 69, 70; Iona Rossely – Privatarchiv: Seite 21; Rika Schneider: Seite 5, 128, 140 und Umschlagrückseite; Edith-Schreiber Kreinberg: Seite 87, 89, 90, 93, 94/95, 97, 98, 101, 102, 105, 106; Christiane Slawik – Horsesinmedia: Seite 5, 50/51, 54/55, 59, 60 und Umschlagrückseite; Zur Verfügung gestellt von der Spanischen Hofreitschule: Seite 5, 142 bis 157 und Umschlagrückseite; Zur Verfügung gestellt von Linda Tellington-Jones: Seite 158 bis 170; Linda Alexander Walton: Seite 5, 108, 114, 116/117 und Umschlagrückseite.

ISBN 978-3-275-01661-7

Postfach 103743, 70032 Stuttgart
Ein Unternehmen der Paul Pietsch Verlage Gmbh+Co
Lizenznehmer der Bucheli Verlags AG, Baarerstr. 43, CH-6304 Zug

1. Auflage 2008

Sie finden uns im Internet unter www.mueller-rueschlikon-verlag.de

---

Lektorat: Claudia König
Innengestaltung: Ute Merkel, 60385 Frankfurt am Main
Druck und Bindung: Henkel GmbH, 70499 Stuttgart
Printed in Germany

Inhalt

1

Vorwort der Autoren

Wie kommt man dazu, ein Buch über Hengste zu schreiben? Bei uns war der Grund ein ganz persönlicher. Vor vier Jahren kauften wir »Leo's Golden Bisquit«, ein zehn Monate altes Quarterhorse-Hengstfohlen und begannen mit dem Training. Die ersten Übungen – am Führseil gehen, Hufe geben, Hängertraining – verliefen sehr vielversprechend und Bisquit erwarb sich den Ruf eines gelassenen, lernwilligen und kooperativen Hengstes.

Zusammen mit drei anderen Pferden brachten wir ihn dann im Frühjahr 2005 auf unseren Hof in Südfrankreich, wo wir über viele Hektar Weideland verfügen. Dort lebt er seitdem in einer kleinen Herde zusammen mit einem neunjährigen Quarterhorse-Wallach, einer siebenjährigen Vollblutstute und zwei ebenfalls fast vierjährigen Stuten, Luna und Morena.

Beim weiteren Training begann unser Hengst, die ersten Allüren zu zeigen. Mal wollte er nicht gehen, mal ging es ihm nicht schnell genug. Er stieg beim Führen, versuchte ab und an zu schnappen oder zeigte sich störrisch. Einmal büchste er bei einem Spaziergang sogar aus, riss sich los und galoppierte zur Weide zurück. Natürlich hatten wir für alles eine Erklärung, waren aber insgesamt mit unserer Vorgehensweise nicht sehr zufrieden. Bei der Suche nach Hilfe und Lösungen stießen wir schnell an Grenzen. Im Bekanntenkreis gab es kaum Hengsthalter und wenn, dann wurden deren Hengste meist isoliert gehalten. Letztlich lief immer alles darauf hinaus, dass ein Hengst eben gefährlich sei, man ihm mit absoluter Dominanz begegnen müsse und man ihn sowieso am besten legen lässt.

Auch in der Literatur wurden wir nicht fündig. Es gibt bedauerlicherweise nur sehr wenig verfügbare Bücher über Hengste. Auf die spezielle Problematik bei der Aufzucht, bei der Haltung und beim Training ging eigentlich keines ein. An dieser Stelle keimte der Entschluss, ein eben solches Buch zu schreiben.

Dazu wollten wir die besten Trainer der Welt befragen, von ihren Erfahrungen partizipieren, ihr Wissen sammeln und so aufbereiten, dass es für den normalen Pferdehalter ein praktisch nutzbares Buch wird. Immer hatten wir unsere eigenen Probleme und Fragen vor Augen. Wir denken, dieses Vorhaben ist gelungen, auch wenn wir zwischenzeitlich fast an dem Punkt waren, das ganze Projekt fallen zu lassen. Im Zuge der Gespräche mussten wir nämlich feststellen, dass es die vielleicht erhoffte technische, praktisch für jeden umsetzbare Lösung nicht gibt. Wir lernten, dass Hengsthaltung – wie natürlich Pferdehaltung im Allgemeinen – etwas mit innerer Haltung zu tun hat. Wir mussten akzeptieren, dass es keine vermittelbare Technik gibt, die man lernt, wie das Einmaleins, über die man dann vielleicht noch eine Prüfung ablegt, und mit deren Hilfe man sich anschließend in schlafwandlerischer Sicherheit durch die Pferdewelt bewegen kann. Wir hatten das so natürlich auch nicht erwartet. Zu nachhaltig war bereits die eigene Erfahrung mit unseren Pferden. Aber auch in uns lebte der Wunsch nach schnellen und einfachen Lösungen. Das alles soll nicht heißen, dass es keine Techniken gibt. In diesem

Ein Begrüßungskomitee! Der Hengst mitten zwischen den Stuten, der Wallach, Chef der Herde, daneben. Auf der anderen Seite des Zauns standen mehrere fremde Pferde.

Manchmal ist Bisquit im Buschland nicht zu finden. Er bevorzugt oft versteckte Stellen.

Buch finden sich viele wertvolle Hinweise darauf, wie Probleme behoben werden können oder wie man sie von vorneherein vermeiden kann. Aber die Technik ist nicht das Entscheidende. Es gilt, seinen eigenen ganz persönlichen Zugang zum Hengst zu finden. Dieser Weg kann mit einer Kastration oder dem Verkauf des Pferdes enden. Beides ist sinnvoller, als einen Hengst unter für ihn qualvollen Umständen zu halten und sich selbst dabei möglicherweise sogar Gefahren auszusetzen und dauerhaft frustriert zu werden. Wenn sich der Kreislauf von Angst und Gewalt einmal in Gang gesetzt hat, ist er, wenn überhaupt, nur von einem erfahrenen Trainer wieder zu durchbrechen.

Pferde sind wundervolle Tiere – intelligent und höchst sensibel. Hengste sind von allem ein wenig mehr. Oder sie sind anders, verlangen mehr und geben mehr. Das macht die Faszination der Hengste aus. Davon leben Mythen und Legenden. Deshalb ist der Hengst eine Herausforderung. Wer glaubt, dieser Herausforderung durch die Anwendung von physischer und psychischer Gewalt begegnen zu können, ist auf einem gefährlichen Holzweg. Man vergibt die Chance, selbst zu lernen und zu wachsen, und damit die Chance, im respektvollen Miteinander zwischen Mensch und Hengst zu einem gegenseitigen Verständnis zu kommen, das sich eben nur mit Hilfe von Techniken nicht herbeiführen lässt.

Bisquit macht immer noch nicht alles so, wie wir es gerne hätten. Aber das ist nicht schlimm. Wir haben erkannt, dass die Verantwortung bei uns liegt und wissen jetzt, dass wir eigentlich auch vieles richtig gemacht haben, indem wir unserem Gefühl dafür gefolgt sind, was ihm gut tut. Er soll sein dürfen, was er ist: Ein prächtiger Hengst mit einem eigenen Kopf, der sich jedes Mal aufs Neue dafür entscheiden muss, unseren Wünschen nachzukommen.

Wir widmen dieses Buch allen Hengsten dieser Welt, damit sie ein ihnen gerechtes und zufriedenes Leben führen können und nicht mit Schlägen traktiert und durch Nasenbremsen gefoltert in einer kleinen Box zum letzten Mittel greifen müssen: In panischer Angst zum Angriff übergehen.

Auf der Koppel ist Susan ein Teil der Herde. Booster bleibt oft bei ihr und folgt der Herde erst später.

2

Einleitung

Vor der Entscheidung für einen Hengst sollte man sich intensiv und ehrlich mit den Problemen vertraut machen, die die Hengsthaltung mit sich bringen kann. Das fängt an bei der Ablehnung, die einem Hengsthalter im Stall und einem Hengstreiter bei gemeinsamen Ausritten entgegenschlagen, und endet bei der natürlichen Aggression, die uns bei der Arbeit mit einem Hengst durchaus den Angstschweiß auf die Stirn treiben kann. Hengste haben einen eigenen Kopf und eine starke Persönlichkeit. Sie nehmen nicht jeden und nicht jeden zu jeder Zeit ernst. Sie machen manchmal einfach, was sie wollen oder tun nicht das, was sie sollen und sind in der Lage, binnen weniger Augenblicke vom besten Freund zum ärgsten Feind zu werden. Und: Sie würden nicht verstehen, wenn man ihnen das nachträgt. Dazu kommt das Problem mit rossigen Stuten. Ein Hengst ist ein durchaus triebgesteuertes Wesen, das daraus keinen Hehl macht. Im gleichen Atemzug kann man die Unterbringung nennen. Wer zu Hause nicht ein paar Hektar Weide und eine kleine Herde sein Eigen nennt, der hat schon ein Problem, denn die Alternative ist in aller Regel eine Box als Einstaller und unter Umständen ständige Probleme mit den Boxennachbarn. Ein weiterer, nicht zu vernachlässigender Punkt: Ein Hengst braucht sehr viel Beschäftigung und Training, während er zwischendurch immer mal wieder testet, ob die Rangordnung zwischen Mensch und Tier sich nicht doch verändern lässt. Mit zunehmendem Alter wird es – langsam – besser. Aber es hört nie ganz auf.

Die Profitrainer, mit denen wir gesprochen haben, fanden zum Teil sehr unterschiedliche Antworten auf diese Fragen und gaben unter anderem zu bedenken, dass es bisweilen eine etwas künstliche Grenze ist, die wir zwischen Hengsten und anderen Pferden ziehen. Man darf nicht vergessen, dass Hengste vor allem anderen zunächst einmal Pferde sind, und keine besondere Gattung. Deshalb gelten viele Aussagen, die in diesem Buch sowohl von uns als auch von unseren Gesprächspartnern getroffen wurden, für alle Pferde gleichermaßen. Auch eine Stute oder ein Wallach müssen mit Respekt behandelt werden, auch sie reagieren auf Grund derselben genetischen Prägung. Auch bei ihnen sind Vorsicht, Angst und Flucht die beherrschenden Verhaltensmuster. Hengste zeigen diese Muster nur ausgeprägter als Stuten und Wallache. Einschränkend muss bemerkt werden, dass auch dies wieder eine Verallgemeinerung darstellt, da Ausdrucksstärke und ausgeprägter Wille ebenso bei Stuten und Wallachen vorkommen. Immer wieder wurden wir zum Beispiel darauf hingewiesen, dass es sehr hengstige, dominante Stuten gibt, die ihren männlichen Artgenossen in nichts nachstehen. Wir sprechen aber nicht von den Ausnahmen, wie viele es auch immer sein mögen, sondern von der Regel. Und in der Regel sind Hengste die dominanteren, präsenteren Tiere.

Eine wesentliche und immer wiederkehrende Schwierigkeit zwischen Mensch und Hengst ist nach aller Erfahrung die Kommunikation, eine andere ist unsere Angst und Unsicherheit. Es gibt zwei grundlegende Verhaltensmuster, die Menschen an den Tag legen, wenn sie Angst verspüren: Flucht oder Angriff. Damit unterscheiden wir uns nicht wirklich von den Pferden. Im Sinne eines Umgangs, der auf gegenseitigem Respekt und Vertrauen beruhen soll, sind jedoch beide Reaktionen fatal; allerdings nur in ihren unkontrollierten, unreflektierten Formen. Niemand wird erwarten, dass man sich einem steigenden Hengst entgegenstellt und sich damit seinen gefährlichsten Waffen, seinen Vorderhufen, ausliefert. Auch der Hengst tut dies nicht. Ein Zurückweichen, sich aus der akuten Gefahrenzone begeben, ist keine Flucht. Einmal kurz wütend werden und das auch zeigen, ist für einen Hengst kein Angriff. Es ist nicht der Schubs, den wir ihm versetzen, oder der Finger, der ihn trifft. Es ist unsere ehrliche Wut, unsere damit verbundene klare Aussage: »Bis hierhin und nicht weiter!« Das verstehen Hengste und sind im Sinne einer Deeskalation auch gerne bereit, diese Grenzziehung zu akzeptieren. »Manchmal explodiere ich wie eine Bombe«, sagte uns Frederic Pignon, der mit seiner Freiheitsdressur sicher nicht in Verdacht steht, seinen Pferden mit Gewalt zu begegnen. Aber sie verstehen ihn. Und Frederic ist selbstsicher genug, das kurze Fehlverhalten eines Hengstes nicht persönlich zu nehmen und nachtragend zu sein. Das würden Hengste nicht verstehen.

Man darf sich nicht, wie das im Zuge der Inflation von Pferdeflüsterern geschehen ist, der Illusion hingeben, man könne die Pferde Glauben machen, wir seien auch Pferde. Und nicht nur normale Artgenossen, sondern, je nach Geschlecht, der Leithengst oder die Leitstute. Das funktioniert auch dann nicht, wenn wir uns Pferdeohren ankleben. Wie Mark Rashid im Interview so treffend bemerkte: »Jedes Pferd auf diesem Planeten braucht nur einen Blick, um zu erkennen: Hey, das ist kein Pferd.« Das Geheimnis liegt nicht darin, das bessere Pferd zu werden, sondern wir selbst zu bleiben. Vormachen kann man Pferden und insbesondere Hengsten nichts.

Wenn wir Angst haben oder Furcht zeigen, dann spüren sie es sofort und reagieren entsprechend. Das bedeutet nicht, Angst künstlich zu bekämpfen, sie zu unterdrücken. Aber wir sollten nicht versuchen, mit einem Hengst zu arbeiten, wenn wir Angst vor ihm verspüren. Der Misserfolg ist vorprogrammiert. Hierbei darf Angst nicht mit Vorsicht verwechselt werden. Im Umgang mit Hengsten muss die Vorsicht unser ständiger Begleiter sein. Vorsicht bedeutet ständige Beobachtung und Konzentration. Der scheinbar spielerische Umgang von Profis mit ihren Tieren heißt nichts anderes, als dass ihnen diese Fähigkeiten so in Fleisch und Blut übergegangen sind, dass wir sie als Zuschauer nicht mehr bemerken. Sie haben gelernt, auch die kleinsten Regungen ihrer Pferdepartner zu registrieren und zu deuten. So wie diese gelernt haben, auf die kleinsten Einwirkungen ihrer Trainer zu reagieren. Einwirkungen, die ein Laie nicht wahrnehmen kann.

Eigentlich ist also alles ganz einfach. Man muss die Hengste nur als das akzeptieren, was sie sind: Mehrere hundert Kilo geballte Kraft, gesteuert von jahrtausendealten Instinkten, die ihnen das Überleben gesichert haben. Wenn sie uns nicht als Bedrohung wahrnehmen, werden sie versuchen, mit uns zu kooperieren. Und das tun sie, wenn wir unser menschliches Bezugssystem da lassen, wo es hingehört. Ein Hengst hat keinen Terminkalender, muss sich nicht beeilen, weiß nichts von unserem Stress im Büro oder unserem Ärger mit den Kindern. Unsere über die Jahrzehnte so mühsam erlernten Kommunikationsstrukturen funktionieren bei einem Hengst nicht. Er nimmt nur das Offensichtliche wahr und macht

Da liegt ein interessanter Duft in der Luft. Im Frühjahr ist Bisquit in Decklaune.

sich keine Mühe damit, versteckte oder zweideutige Botschaften zu entschlüsseln.

Wie es gehen kann, demonstrieren am eindruckvollsten noch Kinder. In ihrer natürlichen Freundlichkeit, in ihrer Arglosigkeit, können sie oft Pferde zu Reaktionen bewegen, die alle Dressur der Welt nicht fertig bringt. Carolyn Resnick schreibt in ihrem Buch »Tochter der Mustangs« von ihren Begegnungen mit Pferden, als sie noch ein Kind war. Sie legte sich ins Gras zu ihnen und träumte, sie ließ sich am Schweif von ihnen umherziehen. Dabei hatte Carolyn sicherlich Respekt vor der Größe und der Kraft ihrer Freunde – aber eben keine Angst.

Freundlichkeit ist ein wichtiges Stichwort im Umgang mit Hengsten. Sie würdigen unsere Freundlichkeit, die man nicht mit Einschmeichelei und dem ständigen Verabreichen von Leckereien verwechseln darf. Da sind Pferde nicht anders als wir selbst. Auch wir würden vor einem aggressiven, unfreundlichen Menschen zurückweichen. Mit Schaum vor dem Mund gewinnt man keine Freunde – auch nicht unter Pferden.

Alle von uns interviewten Trainer kommen in den zentralen Punkten zu sehr ähnlichen Schlussfolgerungen und machen entsprechend gleiche Aussagen. Das ist umso erstaunlicher, als sie mit ihren Ausbildungs- und Reitweisen aus den unterschiedlichsten Schulen stammen und sehr verschiedene Stile pflegen.

Und diese Unterschiede werden in den nachfolgenden Interviews sehr wohl deutlich. Jeder hat schließlich seine eigene Geschichte und seine eigene Erfahrung. Jeder hat auch andere Ziele und andere Arbeitsschwerpunkte. Mark Rashids Pferde müssen in einem sehr harten Arbeitsalltag funktionieren. Die ihm vorgestellten Problempferde wollen beispielsweise nicht in den Hänger und leben im Winter unter schweren Bedingungen im Gebirge. Die Pferde von Fredy Knie jr., dem Direktor des Schweizer Nationalzirkus, haben diese Probleme nicht. Sie müssen jeden Abend in die Manege und dort unter Einfluss vieler Störfaktoren eine perfekte Dressurleistung abliefern.

Um eine Vergleichbarkeit der Aussagen zu erreichen, haben wir unseren Gesprächspartnern eine ganze Reihe von immer denselben Fragen vorgelegt. Trotzdem verlief jedes Gespräch anders. Manche erzählten schnell eine kleine Geschichte hier und eine Anekdote dort, andere hielten sich eng an den Fragenkatalog. Jede und jeder fand aber eine Möglichkeit, die oft in Jahrzehnten gesammelten Erfahrungen einfließen zu lassen. Es war eine einmalige Gelegenheit für uns, mit all diesen Fachleuten Gespräche führen zu können und sie in ihrer Arbeit beobachten zu dürfen. Die Auswahl der Gesprächspartner fiel dabei sehr schwer. Der eine oder andere fehlt. Wir waren bemüht, Vertreter verschiedener Richtungen zu Wort kommen zu lassen und dabei eine Ausgewogenheit herzustellen. Eine Anmerkung zur Form ist an dieser Stelle angebracht. Bei der Wiedergabe der Interviews mit unseren amerikanischen Gesprächspartnern verwenden wir häufig den Vornamen. Das ist kein Mangel an Respekt, sondern im Englischen durchaus üblich.

Im fünften Kapitel versuchen wir, die wichtigsten Aussagen unserer Interviewpartner zusammen zu fassen, eine Art Fazit zu ziehen, die Punkte zu finden, in denen große Übereinstimmung herrschte und die von allen für wichtig erachtet wurden. Wir wollen in diesem Kapitel auch Antworten auf die ganz praktischen Fragen geben und sie den einzelnen Trainern zuordnen.

In Kapitel Sechs haben wir zehn Fragen formuliert, die sich jeder tatsächliche oder zukünftige Hengsthalter stellen sollte. Man kann diese Fragen, wenn man möchte, auch als eine Art Test verstehen, obwohl wir natürlich keinerlei Auswertung vorgesehen haben. Es bleibt der Einschätzung jedes Einzelnen überlassen, welche Schlüsse er aus den hoffentlich ehrlichen Antworten im Kontext des Buches für sich zieht.

3

Etwas über Hengste

Bevor wir zu den Hengsten kommen, möchten wir kurz einige allgemeine Aspekte der Pferdewelt in Zahlen[1] darstellen. Manchmal ist es hilfreich, bekannte Zusammenhänge in statistische Werte zu kleiden. Es entstehen dabei unerwartete »Aha-Erlebnisse«.

Anzahl der Pferde in der EU im Jahr 2000:	**4.376.274**
Anzahl der Pferde in Deutschland im Jahr 2000:	**1.000.000**
Anzahl der Pferde in Österreich im Jahr 2000:	**81.864**
Anzahl der Pferde, die im Zweiten Weltkrieg starben:	**1.600.000**
Pferde pro 1.000 Einwohner in der EU im Jahr 2000:	**11,4**
Pferde pro 1.000 Einwohner in Deutschland im Jahr 2000:	**12,2**
Pferde pro 1.000 Einwohner in Dänemark im Jahr 2000:	**28,3**
Pferde pro 1.000 Einwohner in Portugal im Jahr 2000:	**2,5**
Anteil der Frauen an den Reitern in Deutschland in Prozent:	**86**
Menschen, die angeben, Interesse an Pferden zu haben in Deutschland im Jahr 2000:	**11.000.000**
Durchschnittsnettoeinkommen eines aktiven Reiters in Deutschland in Euro:	**ca. 2.250**
Durchschnittliche Zeit in Stunden, die ein Reiter täglich mit seinem Pferd verbringt:	**3,2**
Durchschnittlicher Betrag, den ein Reiter monatlich für das Reiten ausgibt in Euro:	**320**
Anzahl der Buchtitel rund ums Pferd in Deutschland:	**1.300**

In der Geschichte, in der Literatur, in Sagen und Mythen – zu allen Zeiten und von allen Völkern wurde von außergewöhnlichen Hengsten berichtet. Sie waren Schlachtrösser, Rennpferde und Jagdbegleiter, oder einfach nur treue Freunde. In einigen Geschichten züngeln ihnen beim Galopp Flammen um den Schweif und sie scheinen eher zu fliegen als zu galoppieren. Es wird von Hengsten berichtet, die ihrer Umgebung schnelle und wendige Bewegungen beibrachten – aus Angst vor ihren Hufen und Zähnen. Die nicht zu bändigen waren, die trotzdem verehrt wurden und ein Rennen nach dem anderen gewannen. Hengste stehen für Kraft, Ausdauer und Wildheit.

Alexander der Große besaß einen Hengst namens Bukephalos. Es gilt als das bekannteste Pferd der Antike. Man sagt, Alexander der Große sei der Einzige gewesen, der das Tier reiten konnte. Es begleitete ihn durch alle Schlachten und starb der Überlieferung nach während der Schlacht am Hydaspes in Pakistan. Bukephalos, zu Deutsch »Ochsenkopf«, wird als Pferd von gewaltiger Größe und Kraft beschrieben. Es rettete seinem Herrn natürlich mehrmals das Leben. Alexander der Große starb nur kurze Zeit nach seinem Hengst.

Das ist nur eine Überlieferung von vielen, die dafür stehen, welch herausragende Rolle Pferde im Laufe der Geschichte gespielt haben und welch enge Verbindung sie

[1] *Die Zahlen stammen aus dem Skript »Der Stellenwert des Pferdes in Europa« von Hanfried Haring, Generalsekretär der Deutschen Reiterlichen Vereinigung. Der Vortrag wurde gehalten auf dem TAIEX Seminar EQUUS 2005.*

Booster verbringt viel Zeit mit seinem Vater. Der Hengst übernimmt eine Menge Erziehungsaufgaben.

zu ihren Herren, fast immer heldenhafte Männer, gehabt haben. Eine andere Erzählung hört sich folgendermaßen an:

»Captain Keogh von der US-Kavallerie ritt in der Schlacht am Little Big Horn im Jahre 1876 einen Hengst namens Comanche. Obwohl er im Kampf verletzt wurde und sich kaum auf den Beinen halten konnte, trug das damals 13-jährige Pferd seinen Reiter viele Stunden lang. Es war das einzige Pferd, das die Schlacht überlebte. Als Tage später Armee-Scouts auf dem von Toten übersäten Schlachtfeld eintrafen, stand Comanche halb verdurstet und blutend noch dort – angeblich genau über dem Leichnam seines Herrn. Nach Erzählungen, die behaupten, sich auf indianische Quellen zu stützen, soll das Tier nach dem Gemetzel die Leiche »wie ein Dämon mit weißschäumendem Maul« gegen sich nähernde Indianer verteidigt haben. (*Quelle: www.tierdach.de*)

Ob die Geschichte nun stimmt oder nicht, Hengste wurden und werden in Geschichten idealisiert und romantisiert. Vielleicht haben viele Stuten und Wallache Ähnliches geleistet. Da es aber keine Hengste waren, wurde keine erzählenswerte Geschichte daraus. Hengste bringen vielleicht auf Grund ihrer ausgeprägten Beziehungsfähigkeit bessere Voraussetzungen für Heldengeschichten mit. Karl Mays »Rih«, der in sechs langen Orientbänden den Helden Kara

Ben Nemsi durch die Wüste trägt, ist ein weiteres Beispiel für den unauslöschlichen Mythos Hengst. Kein Wunder also, dass Hengste in den fünfziger Jahren von Film und Fernsehen als Sympathieträger und Identifikationsmuster entdeckt wurden. Zunächst war es »Fury«, der in 114 Folgen von 1955 bis 1960 über die amerikanischen Bildschirme galoppierte. In Deutschland erschienen zunächst 47 synchronisierte Folgen, später weitere 66. Im Vorspann, dem wohl wichtigsten Teil der Filme, ruft Joey, der kindliche Freund Furys, dessen Name weit in die Prärie hinaus. Diesem Ruf folgend galoppiert Fury meilenweit über Berg und Tal. Joey strahlt und tätschelt Furys Hals, bevor er fragt: »Na Fury, wie wär's mit einem kleinen Ausritt, hast du Lust?« Fury kniet sich nieder, damit Joey besser aufsteigen kann und die beiden reiten davon.

Fury hat eine ganze Generation geprägt. Er war tapfer, intelligent und moralisch ein-

Bisquit beweist eine Engelsgeduld mit seinem bisweilen recht aufdringlichen Sohn. Aber schon werden auch Grenzen aufgezeigt.

wandfrei. Eine immer wiederkehrende Verhaltensweise von Fury war das Schubsen mit der Nase. Gewöhnlich wollte er damit jemandem zeigen, wo er hingehen sollte. Die Medien vermenschlichen solche Verhaltensweisen und verharmlosen sie damit. Black Beauty, der nächste Pferdemegastar auf den Bildschirmen und Leinwänden, führte diese Tradition fort. Interessant ist, dass der Hauptdarsteller zum Teil in beiden Serien identisch war. Der Hengst »Beauty«, ein American-Saddle-Horse, spielte sowohl Fury als auch »Black Beauty« und machte seinen Besitzer zu einem reichen Mann.

Heute wurden die beeindruckenden Rappen durch Computeranimationen ersetzt. An den Eigenschaften der Hengste und an den Geschichten hat sich indes nichts geändert. Nach wie vor sind sie mutige und selbstlose Lebensretter und intelligente, gerechte Beschützer der Schwachen. Hengste können tatsächlich etwas von alldem in sich tragen, aber in der idealisierten und übertriebenen Filmfassung können solche Muster für Nachahmer gefährlich oder frustrierend werden. Hengste sind nämlich in erster Linie domestizierte Wildtiere. Und als solche verkörpern sie zwar einerseits die Sehnsucht nach Freiheit und Wildnis, reagieren aber andererseits ebenso wild und frei, wie ihnen das die Natur vorgegeben hat.

Mit dieser Wildheit können und wollen wir aber nicht umgehen. Und deshalb sperren wir die uns überfordernden triebgesteuerten Kraftpakete lieber isoliert in enge Boxen.

Eine Erhebung aus Baden-Württemberg aus dem Jahre 2003 brachte Erschreckendes zutage. Dort wurden 20 Betriebe untersucht, in denen Zuchthengste untergebracht waren. Untersuchungsgegenstand waren die Haltungsbedingungen und es wurde unterschieden nach Groß- und Kleinpferden. Hier nur ein paar Auszüge:

74 Prozent der Hengste wurden in Innenboxen gehalten, 12 Prozent in Außenboxen, nur drei Prozent waren im Offenstall untergebracht. Fast 40 Prozent der in Boxen gehaltenen Hengste verfügten nicht über die in den Pferdehaltungsleitlinien vorgeschriebene Mindestgrundfläche. In über 50 Prozent der Fälle war die geschlossene Boxenbegrenzung höher als erlaubt.

Die Hengste wurden im Durchschnitt nur 4,75 Stunden pro Woche bewegt, das heißt circa nur ein Drittel der Zeit, die sich Pferde unter naturnahen Bedingungen am Tag fortbewegen.

Für Großpferdhengste gab es keine freie Bewegung mit Artgenossen. Kleinpferdhengste schnitten da besser ab und konnten fast alle mit Stuten, Wallachen oder Junghengsten in den Auslauf oder auf die Weide. *(Quelle: »Haltungsbedingungen von Deckhengsten in Baden-Württemberg«, Dr. Ursula Pollmann, Chemisches und Veterinäruntersuchungsamt Freiburg)*

Von Fury ist da nicht viel geblieben, eher schon von den bedrückenden Szenen aus »Black Beauty«, wo der Pferdealltag im England des 19. Jahrhunderts geschildert wird.

Man darf sich nicht wundern, wenn so gehaltene Hengste krank werden und aggressives Verhalten gegen Menschen und Artgenossen zeigen. Oft wird das Verhalten dann als Bestätigung für das isolierte Wegsperren genommen: Eine typische Verwechslung von Henne und Ei!

Es gibt natürlich auch Gegenbeispiele und viele Pferdehalter tun ihr Bestes, um ihren Hengsten ein zufriedenes Leben zu ermöglichen. Ein Paradebeispiel ist ~~das~~ Schweizer

Ehepaar Sylvia und Thierry Vontobel, die im Süden Frankreichs neben einer großen Stutenherde mehr als zehn Lipizzaner- und Lusitanohengste halten. In der vorbildlichen Reitanlage stehen die Hengste zwar auch in Boxen, haben aber in der Regel freien Zugang zu ihren Paddocks und über diese zu ihren Koppeln. Um die zusammenhängende Koppelfläche zu vergrößern, ließen die Vontobels sogar Brücken über einen Bachlauf bauen. Die Hengste haben ausreichend Sozialkontakte und können aus ihren Boxen dem Betrieb in der Reithalle zusehen. Keiner fühlt sich alleine. Interessant ist, dass der dominanteste Hengst bevorzugt in größtmöglicher Nähe zur Stutenabteilung steht. Versuche, ihn umzustellen, um ihm einen besseren Überblick über die anderen Hengste zu verschaffen, schlugen fehl.

Der Star für Besucher ist zurzeit aber kein Pferd, sondern ein Schwein, genauer gesagt, zwei Schweine. Im August 2007 fanden die Vontobels bei einem Spaziergang den

Das Gascognische Schwein Gabor liebt Pferde und versteht sich prima mit dem 30jährigen Alta-Real Hengst Malpique.

blinden Wildschweinfrischling »Igor«. Um ihm das Leben zu verschönern, stellte man ihm ein gascognisches Schwein namens Gabor zur Seite. Beide streifen durch die Paddocks und die Koppeln der Hengste und verstehen sich hervorragend mit ihnen. Eine besonders enge Beziehung hat sich mit dem 30-jährigen Alta-Real-Hengst Malpique ergeben. Igor steht unten und wartet auf die Reste, die Malpique bei der Fütterung zu Boden fallen. Anschließend grasen sie zusammen oder Gabor hält seinen Mittagsschlaf in Malpiques Box. Hengste sind eben a priori nicht aggressiv und gefährlich, sondern sehr sozial und verspielt, immer auf der Suche nach neuen Kontakten. Voraussetzung: Der Hengst lebt angstfrei und hat grundlegendes Vertrauen.

Auch Igor, das blinde Wildschwein, streunt durch die Pferdekoppeln und frisst zusammen mit Malpique. Manchmal spielen sie gemeinsam.

Iona Rossely (Vordergrund) auf ihrem Hengst »Desert Dancer«. Der Hengst ist das einzige Pferd aus ihrem Stall, dass jemals ein 160-km-Rennen gewonnen hat.

Desert Dancer ist einer der wenigen Hengste, die sich beim Distanzreiten behaupten konnten. Hengste gelten als zu eigenwillig für den Einsatz im Sport.

Eine Pferdekennerin, die keinen Hengst mehr in ihrem Stall möchte, ist die international erfolgreiche irische Distanzreiterin Iona Rossely. Früher besaß sie einen. Der 1995 geborene Araberhengst »Desert Dancer« war das einzige Pferd aus ihrem Stall, das jemals ein 160-Kilometerrennen gewonnen hat. Trotzdem vermisst sie ihn nicht. Er bekam einen Tumor, wurde unberechenbar, griff einen Pfleger an und verletzte ihn ernsthaft. Nach diesem Vorfall wurde er eingeschläfert.

»Beim Distanzreiten gibt es nicht viele Hengste«, erzählt Iona Rossely. »Sie haben zu viel Muskelmasse, meist eine zu hohe Herzfrequenz und sind zu launisch. Wenn sie müde sind, hören sie einfach auf.« Bei einem dieser denkwürdigen Vorfälle hätte Desert Dancer nur noch eine Runde auf der Galoppbahn zu drehen brauchen, um ins Ziel zu gelangen. Stattdessen blieb er stehen und war nicht dazu zu bewegen, einen Schritt zu machen. Iona musste absteigen und ihn durch die Runde führen.

Vier bis fünf Jahre brauchen sie, bis sie ihren ersten Distanzritt laufen können. Mit gutem Training kann man die Herzfrequenz durchaus senken, jedenfalls bis eine Stute in der Nähe auftaucht. So wie andere Sportreiter ist auch Iona der Meinung, dass Hengste im Sport zu kompliziert sind und nur erfahrene Leute es überhaupt versuchen sollten. »Man kann sie nicht ändern. Wenn sie gute Laune haben, tun sie alles für dich. Wenn sie einen schlechten Tag haben, dann lass sie besser. Das muss man bei Hengsten akzeptieren.« Zurzeit bereitet sich Iona auf die Weltmeisterschaften in Malaysia vor. Dort startet sie mit Gaziza – einer Stute.

Am meisten gelernt über Hengste haben wir natürlich von unserem eigenen Hengst Bisquit, den wir im Alter von zehn Monaten bekamen. Im Wesentlichen bestätigt er fast alles, was unsere Gesprächspartner zu Hengsten gesagt haben. Er ist launisch, wechselt manchmal sein Verhalten im Bruchteil einer

Sekunde. Er ist sehr auf die Sozialkontakte in der Herde angewiesen, sucht aber auch sehr die Nähe zu Menschen. Gibt man ihm eine vernünftige Aufgabe, ist er lernwillig. Wenn er nicht will, will er nicht, auch wenn manchmal ein freundliches Überreden doch noch hilft.

Wir wollen noch einmal betonen, dass wir zwei entscheidende Vorteile auf unserer Seite haben. Erstens konnten wir Bisquit seit seiner Kindheit beobachten und formen. Zweitens lebt er in einer Herde mit drei Stuten, einem Wallach und mittlerweile einem Fohlen. Mit zwei der Stuten hat er seine Kindheit verbracht. Wir haben also gewachsene, Vertrauen schaffende Strukturen.

Bisquit entpuppte sich als liebevoller Vater, nachdem ihm die Herde schließlich den Kontakt zum Fohlen erlaubt hatte. Er passt auf das Fohlen auf, tollt mit ihm über die Wiese und zeigt eine Engelsgeduld, wenn der Kleine mal wieder an seiner Nase oder seinen Vorderbeinen knabbert, oder ihn gar ansteigt. Zum gegebenen Zeitpunkt stößt der kleine Booster bei Bisquit aber auch an seine Grenzen, und das ist gut so.

Wenn wir Glück haben, viel Zeit aufbringen und ebenso viel Geduld, dann werden wir vielleicht eines Tages unseren Hengst zum Wälzen schicken – so wie es Richard Hinrichs mit seinem Kladruber-Hengst in der Halle inmitten anderer Hengste kann. Aber bis dahin ist noch ein weiter Weg.

Manchmal fordert das Fohlen den Hengst zum Spielen auf. Aber Bisquit ist nicht immer in der rechten Stimmung.

4

Geballte Erfahrung

Gespräche mit zwölf weltbekannten Pferdetrainern

Neda DeMayo

Zur Person

Neda Demayo wusste bereits im Alter von sechs Jahren, was sie später einmal tun würde: Mustangs retten. Fernsehbilder von aus Helikoptern gejagten Wildpferden hatten sie derart beeindruckt und ihr kindliches Gerechtigkeitsempfinden so getroffen, dass sie in diesem Moment ihre Lebensaufgabe fand.

Sie nahm Reitunterricht und verbrachte, so wie sie es sagt, die meiste Zeit ihrer Kindheit auf einem Pferderücken. Neda übte sich im Wanderreiten, nahm aber auch an Hunter-Jumpers und Turnieren teil. Der Lauf des Lebens spülte sie nach Kalifornien, wo sie beruflich als Kostümdesignerin und Modestylistin in Hollywood arbeitete und kaum noch Zeit fand, sich mit Pferden zu befassen. Ihr Traum schien sich in dieser Zeit zu verlieren. Zwei schwere Autounfälle, die ihr dramatisch vor Augen führten, dass das Leben endlich ist, brachten eine erneute Wende in ihr Leben. Angestoßen durch einen Bericht der Associated Press über das Schicksal der Mustangs in den USA wandte sie sich von da an konsequent ihrem Kindheitstraum zu. Sie hörte von Carolyn Resnick, die bereits als Kind Wildpferdherden beobachtet und später deren Kommunikationsstrukturen erforscht hatte. Neda ließ alles stehen und liegen und verbrachte zwei Jahre auf Carolyn Resnicks kleiner Ranch, um von ihr zu lernen. Nach weiteren Studien bei bekannten Pferdespezialisten brachte sie 1998 die ersten 25 Mustangs auf ihre »Return to Freedom«-Ranch in der Nähe von Santa Barbara. Heute befinden sich dort über 200 Wildpferde, die in verschiedenen Herden weitgehend ungestört von Menschen leben können. Die Herden werden nach geografischen und genetischen Gesichtspunkten zusammengestellt. Daraus leiten sich auch die Namen, wie zum Beispiel »Kiger« ab, die in der Kiger-Kette in Oregon beheimatet sind. Einer aus dieser Herde, der Kiger-Mustanghengst »Spirit« diente der Filmindustrie als lebendige Vorlage für den gleichnamigen Hengst der weltbekannten Zeichentrickserie.

Mit Hilfe vieler Sponsoren und Fördergelder hat Neda Demayo die Stiftung »Return to Freedom« gegründet, die es sich zur Aufgabe gemacht hat, dem amerikanischen Mustang in seiner natürlichen Umgebung das Überleben zu sichern.

Der Hengst Spirit war Vorlage für den gleichnamigen Held der Zeichentrickserie. Spirit ist sehr eigenwillig. Immer wieder muss Neda die Beziehungsebene aufs Neue klären.

»Man muss auf ihre Zustimmung warten.«

Was bei der Handhabung von Hengsten besonders zu beachten ist, beurteilt Neda Demayo natürlich anders als ein Pferdehalter, der sein Tier für einen bestimmten Zweck ausbilden, ihn aber zumindest regelmäßig reiten will. Obgleich Neda auch drei Reithengste besitzt, geht es bei ihren Pferden in erster Linie darum, selten gewordene Wildpferdrassen als kulturelles amerikanisches Erbe zu erhalten, ihre Gesundheit wieder herzustellen und ihnen Voraussetzungen anzubieten, unter denen sie ihre natürliche Lebensweise so weit wie möglich aufrecht erhalten können. Dazu gehören vor allem die sozialen Bindungen innerhalb der Familien- und Herdenstrukturen. Aber aus der Beobachtung dieser Strukturen und der Verhaltensweisen und Kommunikationsmechanismen können wir sehr viel über unsere domestizierten Hengste lernen. Zwischen ihnen und ihren wilden Vettern gibt es bei den wesentlichen Kriterien kaum gravierende Unterschiede. Einengung kann ein Hengst nur schwer ertragen. Aber auf Grund seiner Erziehung und seiner Erfahrungen als Fohlen hat er gelernt, sich zu arrangieren. Wildlebende Mustanghengste

Freedom (hinten), einer der Mustang-Leithengste, zusammen mit dem zweijährigen Hengst Delhi.

jedoch reagieren schon auf geringen Druck mit wilder Panik. Neda hat das mit mehreren ihrer Hengste selbst erlebt. »Mystic«, circa 15-jährig, einer der Leithengste, ließ sich bei der Ankunft auf der »Return to Freedom«-Ranch nicht medizinisch untersuchen. In dem kleinen Pferch, in den er zu diesem Zweck gesperrt worden war, sprang er aus dem Stand zwei Meter hoch, um sich zu befreien. Um zu verhindern, dass er sich verletzt, öffnete Neda den Pferch. »So sehr brauchen manche von ihnen ihre Freiheit, dass sie sich bei der Befreiung eher selbst umbringen würden, als Gefangenschaft zu akzeptieren.«

Ein anderer späterer Leithengst, »Christopher Robin«, kam als Dreijähriger auf die Ranch. Er hatte das Glück, mit seiner Familiengruppe zusammengeblieben zu sein. Gemeinsam wurden sie zunächst in Mystics Herde integriert. Weil auch andere Junghengste in der Herde waren, hatte Mystic alle Hände voll zu tun, seine 15 Stuten gegen die Verführungskünste seiner Nebenbuhler zu verteidigen. Innerhalb weniger Tage verlor er fast 60 Pfund Gewicht. Neda sah sich genötigt, alle erwachsenen Hengste aus der Herde zu nehmen. Nur der jüngere Christopher Robin blieb dabei. Ihn lernte Mystic zu akzeptieren. »Vielleicht war Mystic am Ende froh, einen zweiten Hengst um sich zu haben, um die Herde zu führen. Heute haben sie beide ihr Terrain. Wenn sie sich aber zu nahe kommen, gibt es eine kurze Unterhaltung, die aber nie eskaliert.«

Die Stuten treffen ihre Entscheidung selbst, welchem Hengst sie sich zuordnen. Manche sind nach einer Weile auch zu Mystic zurückgekehrt.

»Wir unterschätzen den Stellenwert sozialer und familiärer Bindungen bei Pferden«, erklärt die Mustangexpertin. »Man muss die

Leithengste unter sich: Mystic und Christopher Robin bei einer kurzen »Unterhaltung«: Die beiden teilen sich ein Gebiet und haben jeweils eine eigene Herde.

Familien beisammenlassen. Die jungen Tiere werden permanent von den älteren Stuten und anderen Herdenmitgliedern erzogen. Wenn sie von ihnen getrennt werden, lernen sie nicht den Umgang in der Herde und andere essentielle Dinge, die für ihr Überleben wichtig sind. Interessant ist, dass in Wildpferdherden auch die Hengste regelmäßig Erziehungs- und Betreuungsaufgaben übernehmen. Zu einem oder zwei Fohlen pro Jahrgang bauen sie eine enge Beziehung auf. Sie gebärden sich dann als durchaus liebevolle Spielgefährten, die sich so mancherlei gefallen lassen. Das Fohlen folgt dem Vater auf Schritt und Tritt. Auch bei domestizierten Pferden könne das so sein, ist sich Neda sicher: »Aber wer erlaubt schon das Zusammenleben von Fohlen und Hengst?« Solche Hengst-Fohlen-Beziehungen funktionieren dann, wenn der Hengst selbst eine gesunde Sozialisierung im Herdenverband erlebt hat.

Die Herden von Mystic und Christopher Robin kommen von Zeit zu Zeit zusammen. Stuten wechseln nach eigenen Vorlieben hin und her.

Und obgleich dem normalen Pferdehalter solche Möglichkeiten nicht gegeben sind, so ist es doch ratsam und für den späteren Umgang und die Haltung mit anderen Pferden äußerst hilfreich, wenn man Junghengste so lange wie möglich in ihrer Ursprungsherde, in ihrem Familienverband belässt, bevor man sie in andere Hände gibt. Pferde sind keine Einzelgänger, die man wahllos aus ihren Strukturen reißen sollte, um sie dann in immer neuen Zusammenstellungen von Besitzer zu Besitzer weiter zu verkaufen.

Vernünftig sozialisiert können auch wir uns gute Voraussetzungen für die spätere Arbeit mit einem Hengst schaffen. »Pferde«, so Neda, »sind in den Sozialbeziehungen den Menschen sehr ähnlich«.

Stuten und Hengste formen in der Herde ständig den Charakter des Fohlens. Es gibt Unterschiede zwischen Fohlen, die nur von Stuten und solchen, die auch von Hengsten erzogen wurden. Letztere sind vorsichtiger. Sie nähern sich auch dem Menschen langsamer. Auch ohne Hengst macht sich die Erziehung im Herdenverband, in dem überdies ältere Stuten und Wallache leben, positiv bemerkbar. Die Fohlen werden weniger aufdringlich und respektieren den Raum ihres Gegenübers.

Die häufig praktizierte Trennung in Junghengst- und Stutenherden empfindet Neda als unsinnig. »Da wird nicht mehr viel gelernt. Menschen organisieren das Leben der Pferde, um es für sich selbst bequem zu haben. Aber wenn man es anders machen, sich mehr an der Natur orientieren würde, dann würden viele Dinge wirklich viel einfacher werden. Die Ergebnisse sind auf jeder Ebene besser: körperlich und seelisch.« Auch hier ist es wie beim Menschen: Im Zusammenleben der Generationen können wir viel voneinander lernen.

Ein eindrucksvolles Beispiel für die Sozialstrukturen in Pferdeherden ist die Geschichte des Todes einer Leitstute. Neda erzählt, die Herde habe sich bereits von der Stute verabschiedet gehabt. Sie sei mit einer Freundin am Abend noch mal zu der toten Stute gegangen. Da kam die Herde zurück. Selbst »Chief«, der Leithengst, der sonst nie in die Nähe von Menschen ging, näherte sich. Er hatte das acht Monate alte Fohlen der Leitstute, dessen Vater er war, unter seine Fittiche genommen und hat es seit dem erzogen, behütet und beschützt. Auch »Noble«, ein Hengst, der im Familienverband die Ranch erreichte und beim Verladen aus Versehen in eine Junggesellenherde geraten war, kann als Beispiel dienen. Er verweigerte tagelang jedes Futter und wieherte unablässig. Die Stuten der Herde kamen so weit es ging heran und wieherten zurück. Neda, die erst nicht wusste, was sein Verhalten bedeutete, aber dann verstand, dass er in der falschen Koppel gelandet war, führte die Familie schließlich wieder zusammen. »Bis heute hat er mir das nicht vergessen. Ich kann mich ihm jederzeit nähern, seine Hufe nehmen, ihn überall berühren. Sie verzichten lieber auf ihr Futter als auf ihre Herde.«

Welch eine wichtige Rolle die Sozialisation in der Herde spielt, kann man auch ablesen, wenn ein Hengst auf eine rossige Stute trifft. Auf ihrer Ranch hat Neda einmal eine ihrer Wildpferdstuten zu einem domestizierten Hengst gelassen. Die Stute sei sehr sanft gewesen, erzählt sie. Der Hengst aber habe sich verhalten wie ein Idiot. Er habe die Stute gejagt, bis sie hingefallen sei und habe dann noch auf sie getreten. Das sind die Bilder, die uns so vorsichtig haben werden lassen, wenn wir die Stute zum Hengst bringen. Ganz anders der in der Herde aufgewachsene Hengst Freedom, der, nachdem er auf das Leben außerhalb der Herde vorbereitet worden war, von Mystic nicht länger geduldet wurde und danach eine Zeit lang mit anderen Junghengsten lebte. Freedom ist im Umgang mit Stuten immer sehr vorsichtig. Er bleibt ganz ruhig, wartet ab, was die Stute tut. Macht sie die richtigen Schritte, die einladenden Bewegungen, dann deckt er sie. »Freedom gewinnt das Herz jeder Stute in ein oder zwei Tagen. So lange kann er problemlos warten. Es ist eine richtige Brautwerbung.« Auch Neda ist seit ihrer Erfahrung mit den Mustangs langsamer und vorsichtiger in ihren Aktionen geworden. Wenn sie sich ihnen nähert oder mit ihnen arbeiten will, wartet sie auf ihre Antwort. »Was immer das ist. Es kann ein Atemzug sein, eine Entspannung der Wirbelsäule oder etwas, das man nicht sieht, sondern nur fühlt. Die Arbeit mit Mustangs macht dich wachsamer.« So wachsam, wie sie selbst sind. Auch sie registrieren, wie auch domestizierte Pferde, jede Veränderung in den Augen und die kleinste Bewegung eines Fingers. Neda macht sich diesen Umstand zu Nutze. »Ich bin sehr aufmerksam geworden für das, was ich ihnen mitteile – mit meiner Atmung und meiner Energie. Mit der Bewegung eines Fingers kann ich sie wegschicken.«

Christopher Robin (oben alleine im Hang) verschafft sich am späten Vormittag einen Überblick über seine Herde.

Im Umgang vor allem mit ihren Hengsten versucht Neda immer, die Rolle der in der Herde im Hintergrund agierenden alten Leitstute einzunehmen. Die ist nicht zu verwechseln mit der Leitstute, die, ähnlich wie der Hengst, sehr offensiv agiert. Der »Mother-Leadmare« folgt man, weil man ihr vertraut und nicht, weil man sich unterordnet. Schafft man es, dieses Vertrauen zu erlangen, dann versteht auch ein Hengst die Ordnung der Dinge. Sutter, einer von Nedas domestizierten Mustanghengsten, hat so eine sehr starke Bindung zu ihr aufgebaut. Mittlerweile versucht er, ihre Erwartungen im Voraus zu erfüllen. Aber das hat lange gedauert. Und es ist nicht einfach, die Rolle permanent auszufüllen und so die Verbindung aufrecht zu erhalten. »Wenn ich in Verbindung bin, kann ich ihm sagen, wann er fressen soll und wann nicht. Aber ich muss immer vorsichtig und achtsam sein. Es ist wie bei Männern. Man darf sie nie zu stark kritisieren. Das ist kontraproduktiv.«

Auch bei Mustangs gilt: Hengste brauchen Beschäftigung! Man muss die Kommunikation mit ihnen pflegen, so wie Pferde das untereinander auch machen. Und bevor man sie aus lauter Not isoliert, so räumt Neda ein, soll man sie lieber in einer Junggesellenherde unterbringen. »Da haben sie es natürlich immer noch besser, als alleine auf einem

Neda Demayo mit ihrem Hengst Sutter, der vom Bureau of Landmanagement bei einem der Zusammentriebe eingefangen wurde. Er lebt nicht in einer Herde und hat sich eng an Neda angeschlossen.

kleinen Paddock. Wir müssen mehr über die Zeit nachdenken, in der wir nicht mit unseren Pferden zusammen sind. Das sind in der Regel 23 Stunden am Tag. Da müssen sie es gut haben.«

Manche Hengste kommen nicht einmal aus der Box. Sie haben keine Bewegungsfreiheit, können sich nicht wälzen. So entstehen körperliche und seelische Krankheiten. Nedas Tierarzt zeigt sich immer erstaunt, dass ihre Pferde so selten krank sind. Während er auf den Nachbar-Ranches Dauergast ist, kommt bei Neda so gut wie nie etwas vor. Neda Demayo weiß natürlich, dass nur sehr wenige Menschen die Möglichkeit haben, ihre Pferde in natürlicher Umgebung mit genügend Platz im Herdenverband zu halten. »Deshalb plädiere ich zumindest für die Offenstallhaltung, so dass sie etwas sehen und Kontakt aufnehmen können. Wenn man Angst vor Hengstkämpfen hat, kann man leicht eine Gasse zwischen den Paddocks lassen. Und die Boxen müssen größer sein – viel größer.«

Viele meinen, mit Mustangs sei das vielleicht alles machbar. Sie seien im Gegensatz zu unseren domestizierten Pferden robust und hart im Nehmen. Neda ist anderer Meinung. »Die Leute denken, Mustangs seien anders. Eine Dame aus Holland brachte einmal ein Pferd auf die Ranch. Sie musste es eine Zeit lang unterstellen. Das Pferd war Boxenhaltung gewöhnt und sie wollte, dass wir kräftig Stroh einstreuen, ihm ein Bett bereiten und Decken auflegen. Wir haben es versucht, aber den ganzen Zirkus nach vier Monaten gestoppt und ihn dann wie alle unsere Pferde draußen gehalten. Es ging ihm prima damit. Ich sagte ihr: »Dein Pferd ist jetzt ein richtiger Mustang.«

Neda ist sicher, dass wir durch unsere Art der Pferdehaltung die Tiere schwächen und sie für alles Mögliche anfällig machen. Und das gilt auch und vor allem für ihr seelisches Befinden. Vor einigen domestizierten Hengsten, so gibt Neda unumwunden zu, habe sie Angst. Sie kann sie nicht einschätzen, sie versteht sie nicht. »Aber wenn man sie vernünftig aufwachsen lässt und sie natürlich hält, eine Beziehung zu ihnen aufbaut, dann werden die meisten zu richtigen Gentlemen.«

Dieses angenehme Verhalten zeigen sie auch im Umgang mit Menschen. Auch Neda hat erlebt, dass Hengste sich Frauen gegenüber anders verhalten als bei der Arbeit mit Männern. Aber sie glaubt, dass es weniger das Geschlecht, als die weibliche Natur ist, die sich positiv auf den Umgang mit Hengsten auswirkt. »Das weibliche Prinzip ist das fließende Prinzip. Auch Männer können das haben. Ich habe Männer bei der Arbeit mit Hengsten beobachtet, gute Pferdeleute. Vielleicht mag ich ihre Methoden nicht, aber ich kann sehen, dass sie gute Hände haben. Sie verstehen die Pferde.« Ein guter Mann mit einem guten Pferd, so sagt sie, könne etwas Wunderschönes sein. Ein gutes Pferd mit einem schlechten Mann sei umgekehrt ein sehr trauriger Anblick.

Von Carolyn Resnick hat Neda gelernt, wie man Schritt für Schritt mit Hengsten arbeiten sollte. Die Grundlage von allem ist Vertrauen. »Man muss zuerst eine Verbindung aufbauen, eine Freundschaft schaffen. Danach kann man beginnen, den Charakter zu formen.« »Sich den Raum teilen« ist der erste Schritt, den man erfolgreich absolvieren muss, um mit einem Hengst arbeiten zu können. Sie müssen sich in ihrer Umgebung wohl fühlen. »Der Rücken muss entspannt sein. Sonst sind sie nicht aufnahmebereit und wir können nichts von ihnen verlangen.« Und

Die beiden Stutfohlen Georgia und Diamond zeigten sich bei der Annäherung an die Herde recht zutraulich.

wir müssen es immer wieder tun. Wenn Neda länger mit einem Hengst nicht gearbeitet hat, beginnt sie immer wieder zunächst mit der Klärung der Beziehung, um die Verbindung wieder aufzubauen. Mit Stuten ist das ähnlich, geht aber meist schneller, wenn sie nicht gerade rossig sind.

Diese Beziehungsklärung beginnt mit sehr einfachen Übungen. Sie wartet zunächst, bis sich der Hengst mit ihr zusammen im Paddock wohl fühlt, bevor sie die Kommunikation aufnimmt, um ihn auf sich zu konzentrieren. Abwechselnd treibt sie von hinten, stoppt ihn, ruft ihn zu sich und schickt ihn wieder weg. Dadurch baut sie eine Beziehung auf, die es ihm erlaubt, ihre Führungsrolle zu akzeptieren und sich so zu positionieren, wie Neda es vorgibt. Das Resultat ist eine tiefe Übereinkunft, sich als Freunde miteinander zu bewegen und sich aneinander zu orientieren. Das Treiben von hinten ist eine sehr wirkungsvolle Methode, Beziehung herzustellen. Man muss dabei ganz entspannt bleiben und ihn an einen Punkt bringen, wo er sich unterwirft und man selbst das Tempo bestimmt. Wenn man stehen bleibt, bleibt auch der Hengst stehen. Seine ganze Aufmerksamkeit ist auf den ihn treibenden Menschen gerichtet. Pferde machen das untereinander dauernd.

Bei der Arbeit mit einer ganzen Herde setzt sich Neda einfach in einer gewissen Distanz, die für die Pferde noch akzeptabel ist, hin, und wartet, bis sie sich nähern. Einige der jungen Pferde werden immer neugierig und wollen wissen, was da los ist. Nach einer Weile wird sie die Pferde berühren und streicheln können. In dem Maße, wie sich diese gemeinsame Fellpflege entwickelt, entwickelt sich auch ihr Vertrauen zu Neda. Am Ende kann sie die Pferde überall anfassen und die Grundlage für eine Beziehung ist gelegt. Bei sehr ängstlichen Pferden verwendet sie manchmal süßes Futter, basierend auf der Tatsache, dass sich bei Pferden fast alles um Wasser, Essen und Gemeinschaft dreht. Wenn sie mit einem einzelnen Pferd arbeitet, setzt sie sich ebenfalls und wartet, bis es kommt. Manchmal erschrecken sie, weil sie mit der Nase an den Eimer stoßen. Wenn sie erstes Vertrauen entwickelt haben, schiebt Neda den Eimer näher heran, aber so, dass sie sich ein wenig um Neda beugen müssen. Schließlich beginnt sie, die Pferde zu berühren. »Sie müssen dir die Nase geben. Solange sie das nicht getan haben, ist es potentiell gefährlich. Das kann manchmal Tage dauern.« Fangen sie an zu drängeln, nimmt Neda den Eimer weg. Sie macht mit ihnen aus, was korrekt ist und was nicht. Und sie lernen und akzeptieren es. »Sie müssen wissen, dass sie Futter von mir erhalten und es nicht von mir nehmen! Das ist ein wesentlicher Unterschied. Dabei lernen sie, sich zu benehmen und verlieren ihre Angst vor mir. Sie können Anweisungen annehmen, ohne gleich fortzulaufen.« Ist das gelungen, kann man anfangen, ihren Charakter zu formen, ohne einen Futtereimer dabei zu haben. Wenn sie ein wenig aufgebracht wegen des Futters werden – um so besser. Das vormals ängstliche Pferd hat uns etwas gegeben, worüber man sich mit ihm unterhalten kann, und das es versteht. Es versteht, dass jedes aufdringliche Verhalten beim Füttern getadelt wird. Dadurch gewinnt es Vertrauen und man kann anfangen, sich mit ihm über gutes Benehmen

Leithengst Mystic (links) hat eine dominante Ausstrahlung. Das nasse Fohlen zeigt sich unterwürfig.

zu unterhalten. »Mit einem sehr vertrauensvollen und aufdringlichen Pferd würde ich anders arbeiten«, erklärt Neda eine häufige Untugend bei domestizierten Pferden.

Man muss immer sehr vorsichtig sein, wenn man sich auf einer Koppel mit frei laufenden Pferden befindet. Wenn sie sich um einen scharen und ein Pferd scheut und setzt damit die ganze Herde in Bewegung, kann man leicht getreten oder umgerannt werden. Sich zu einer Wildpferdherde zu setzen, empfindet Neda nicht als gefährlicher, weil Wildpferde einen Menschen nicht umringen, sondern eher auf Distanz bleiben. Wildpferde wenden sich eher zur Flucht als ihre domestizierten Verwandten. Mit ihrem Hengst Spirit hat sie diese Erfahrungen gemacht. »Er drängt in deinen Raum. Mustangs tun das nicht, solange man ihr Tempo geht und keinen Druck aufbaut. Man muss ihnen Platz lassen. Druck macht die Situation für mich und für das Pferd gefährlich.« Diese Erkenntnisse lassen sich 1 : 1 auf die Arbeit mit Hengsten übertragen. Auch bei ihnen sollte man warten, bis sie kommen und vielleicht ein wenig mit der Nase drücken. Dann kann man davon ausgehen, dass sie für weitere Schritte bereit sind. Trainer von sehr problematischen Hengsten können diese Erfahrung bestätigen. Beim geringsten Druck reagieren sie aggressiv. Man muss ihnen viel Zeit und viel Raum geben und ihnen zunächst ihre Angst nehmen. Dann erlangt man Zugang und kann mit der Arbeit beginnen.

Mit Hengsten muss man gemeinsame Grenzen erarbeiten. Dann fühlen sie sich wohl und sind friedlich. Auf ungerechte Zurechtweisungen, die sie nicht verstehen und sie nicht in einen Zusammenhang einordnen können, reagieren sie äußerst empfindlich. Neda meint, dann würden sie ärgerlich oder sogar böse. Durch häufig fehlende Distanz ist die Gefahr bei der Arbeit mit domestizierten Hengsten ungleich größer. Sie haben dieselben Verhaltensmuster wie Mustangs, aber haben andere Sozialbeziehungen zu Menschen erlebt. Kennen oder verstehen wir diese nicht, sind Hengste nur schwer kalkulierbar.

Wie unterschiedlich Hengste auf Menschen reagieren können, zeigt ein Beispiel aus Nedas Arbeit. Sie sollte mit zwei Mustanghengsten arbeiten, sie zähmen, bevor sie gelegt werden. Sie trainierte die Tiere über fünf Monate täglich in kurzen Intervallen von zehn Minuten. Während man den einen der beiden danach ohne Halfter und Sattel reiten konnte, fand der andere nicht zur Entspannung. Beide Hengste wurden gleich behandelt und trainiert, aber ihre Charaktere waren sehr

Mystics Herde am Wasserloch.

unterschiedlich. »Man braucht Geduld und Zeit, darf keine Eile haben. Hengste genießen die Beziehung auf dem gemeinsamen Weg. Ihnen geht es nicht um Ergebnisse.«

Auch das Alter spielt beim Training nach Nedas Erfahrung kaum eine Rolle. Natürlich sind sie einfacher zu formen, wenn sie noch jünger sind. Aber Neda hat alles schon erlebt. Ihr Hengst Freedom zum Beispiel, obgleich sehr jung zu ihr gekommen, habe sich nie wirklich eingelassen. Sie respektiert das. Andere, die schon im fortgeschrittenen Hengstalter als Wildpferde zu ihr kamen, sind heute brave Reitpferde. »Sie sagen dir, was sie sind und was mit ihnen geht und was nicht. Ich warte auf ihre Zustimmung. Dann hat unsere Beziehung ein gesundes Fundament. Manchmal arbeite ich mit sehr aufdringlichen Pferden. Ich glaube, wenn sie dann gähnen, dann ist das ein Zeichen, dass negative Energie umgeleitet wird. Eigentlich würden sie sich gerne mit dir anlegen, korrigieren sich aber selbst und kompensieren ihre eigentliche Intention durch Gähnen.«

Bis sie auf Carolyn Resnick traf, hatte Neda Angst vor Hengsten. Auf ihrer Ranch sollte sie sich um einen Hengst kümmern, der eine Operation hinter sich hatte. Er sollte täglich dreimal zehn Minuten lang geführt werden. »Ich hatte solche Angst. Carolyn war krank und ich war auf mich selbst gestellt. Beim Führen hing ich am Ende des Seils. Ich habe dann beschlossen, mit dem Hengst in der Scheune zu schlafen. Daraus ergab sich mit der Zeit eine Beziehung.«

Nedas Angst war durchaus berechtigt. Hengste können schnell aggressives Verhalten zeigen, wenn man zu viel von ihnen verlangt und sie nicht mehr wissen, worum es geht. Wenn Neda heute mit Hengsten arbeitet, dann legt sie – im Rahmen dessen, was ein Hengst verstehen kann – durchaus eine gewisse Willkür an den Tag. Mal sollen sie sich nähern, mal sollen sie weiter weglaufen. »Ich gebe ihnen die Richtung vor, so wie ihre Mutter es tat. Und ich bin niemals angegriffen worden und war nie gefährlichen Situationen ausgesetzt.« Neda übt bei der Arbeit

Spirit ist eine ausdrucksstarke Schönheit. Obwohl domestiziert, zeigt er nach wie vor alle Eigenschaften eines Wildpferds.

wenig Druck aus. Sie erkennt die kleinen Anzeichen von Angespanntheit so rechtzeitig, dass sie darauf unmittelbar reagieren kann und den Druck reduziert. Bei domestizierten Hengsten funktioniert das nicht immer so reibungslos. Sutter und Spirit brauchen schon mal den Finger ins Kinn oder in die Backe, damit sie verstehen, was Neda meint. Sutter hatte lange Probleme, eine Beziehung zuzulassen. Er wusste nicht, was los ist und was man von ihm wollte. Als diese Frage geklärt war, änderte sich alles. Sutter genießt heute die Zuwendung und die Fellpflege. Aber das war ein langer Weg. Die Reihenfolge der Schritte auf diesem Weg beschreibt Neda so: »Zuerst verbringe ich einfach nur Zeit mit ihnen, ohne etwas zu verlangen oder zu erwarten, dann fange ich an, sie ein wenig zu berühren, zu füttern und zu pflegen. Es folgte die Arbeit in völliger Freiheit, ohne Halfter oder Seil. Dann folgt die Longe. Mache ich alles richtig, setze ich mich anschließend drauf und reite einen Trail.«

Neda Demayo sieht ihre Aufgabe nicht darin, Pferde den Bedürfnissen der Menschen anzupassen. Das muss man wissen, wenn man ihre Arbeit und ihre Erfahrungen beurteilen will. Sie will nachweisen, dass es das amerikanische Wildpferd schon vor der Landung der Spanier auf dem Kontinent gegeben hat, um damit einen anderen Status für die wenigen verbliebenen wildlebenden Mustangs zu erreichen. »Es ist jetzt bewiesen, dass es die moderne Pferdegattung »Equus Caballus« auf dem amerikanischen Kontinent schon immer gab. Zusammen mit anderen Tieren wie Mammuts, Zebras und Kamelen wanderten diese Pferde mehrfach über die Landverbindung der Beringstraße nach Amerika. Das war Teil ihrer Wanderbewegungen über Millionen von Jahren. Ob die Pferde nach der letzten Eiszeit vollständig vom amerikanischen Kontinent verschwunden sind, ist bis heute nicht geklärt. Aber wir wissen, dass das mit den Spaniern nach Amerika gekommene Pferd biologisch betrachtet das gleiche moderne Pferd war. Wir können also sagen, dass das Pferd ein Ureinwohner Amerikas ist.«

Nach wie vor werden die Mustangs aus entlegenen Gegenden mit Helikoptern zusammengetrieben. Das »Bureau of Landmanagement« zeichnet hierfür verantwortlich. Offiziell heißt es, das Gleichgewicht der Interessen müsse gewährleistet und eine Überpopulation der Wildpferde verhindert werden. Kritiker sagen, das einfache Ziel sei, landwirtschaftlich nutzbare Landstriche »mustangfrei« zu halten. Wie dem auch sei, den Zusammentrieb überleben viele Mustangs nicht. Und nicht wenige Überlebende landen im Schlachthaus. Einmal verkauft, kann der neue Besitzer mit ihnen tun, was er will. Grundlage solcher Praktiken sind weit verbreitete Meinungen wie, die Wildpferde machten den Rindern an den Wasserlöchern Konkurrenz, würden sie sogar vertreiben. Neda verweist solche Gerüchte ins Reich der Fabel. »Wildpferde sind viel zu vorsichtig. Sie belästigen keine Rinderherden und halten sich nicht an Wasserlöchern auf, solange dort Rinder sind. Es sind reine Fluchttiere, die immer ausweichen.«

Anstatt sich mit der Frage zu beschäftigen, ob ein Pferd diese oder jene Farbe wahrnehmen könne, solle man besser mehr Energie, Zeit und Geld in die Erforschung der Gesamtzusammenhänge stecken, meint Neda. »Wenn man ihre Systeme und ihre Umwelt versteht und intakt hält, dann hilft man auch vielen anderen Lebewesen, nicht zuletzt dem Menschen. Wie können wir sagen, das Bomben bauen intelligenter ist, als das, was Pferde tun?«

Neda Demayo kompakt

Neda ist keine Pferdetrainerin im klassischen Sinn. Ihr Anliegen ist nicht die perfekte Erziehung und Ausbildung, sondern das Überleben einer Spezies in Freiheit. Trotzdem, oder gerade deshalb, hat sie ihre Hengste sehr intensiv beobachtet und mit ihnen gearbeitet. Ihr Credo lautet: Je natürlicher wir sie leben lassen, desto weniger Probleme haben wir mit ihnen. Der Aufbau einer Beziehung und das Herstellen von Vertrauen sind für sie die Basis jeder Arbeit mit Hengsten und stehen an deren Anfang. Sie setzt ihre Pferde nicht unter Druck und wartet ab, bis sie sich für eine Beziehung entschieden haben.

Jean-Claude Dysli

Zur Person

Jean-Claude Dysli ist schon zu Lebzeiten zu einer Legende des Westernreitens geworden. Seit 47 Jahren arbeitet er mit Pferden, unterrichtet, züchtet, bildet aus.

1959 mit einem frischen Diplom als Assistent für Baustatik nach Kalifornien geschickt, um dort an der University of California in Berkeley Operations Research zu lernen, kam er, einmal in Kontakt mit der Westernreiterei, von den Pferden nicht mehr los. Dysli, der in der Schweizer Armee fünf Jahre lang bei der berittenen Kavallerie gedient hatte, konnte nicht glauben, dass man mit einem Pferd, das nur einen Lederriemen um die Nase trägt, Kühe kontrollieren und sie auch noch einfangen kann. Am 5. November 1960, eigentlich schon fast auf dem Weg zurück in die Schweiz, ging er in einen »Cow-Palace«, um sich eine solche Show anzusehen. »Hackamore-Classes of Working Cowhorse« stand an diesem Abend auf dem Programm. Dysli selbst sagt: »Und das war's dann.« Er blieb in den USA, lernte und ritt bald eigene Turniere, betrieb eine Deckstation und arbeitete schon sehr früh mit allen, die im Westernreiten Rang und Namen haben – zum Beispiel mit Ray Hunt und Tom Dorrance, um nur zwei der älteren Vertreter zu nennen.

1981 ging er zurück in die Schweiz, ließ sich aber bald darauf in Spanien nieder. In der Nähe von Villamartin in Andalusien baute er die »Hacienda Buena Suerta« mit einem großen Reitbetrieb auf. Mit seiner dritten Frau lebt er heute immer noch in Andalusien.

Links: Jean-Claude Dysli auf Okie Isma Dad beim Cutting.

Rechts: In der Umgebung seiner Finca in Andalusien ist Jean-Claude Dysli oft mit Hund und Pferd unterwegs.

»Das Hauptthema ist die Gerechtigkeit!«

Jean-Claude Dysli hat fast ausschließlich mit Hengsten gearbeitet, selten mit Wallachen, ab und an mit Stuten. Hengste sind für ihn Überzeugungssache und als alter Turnierreiter, der sein Handwerk auf den Ranches des amerikanischen Westens gelernt hat, hätte es wohl auch kaum anders kommen können. Im Turniersport, den Dysli seit 1964 aktiv betrieb, ging der Trend ganz klar zum Hengst. Dysli nennt dafür zwei Gründe:

»Erstens hat ein Hengst mehr Biss und zweitens lässt er sich gut verkaufen, wenn er gewinnt.« So ist der Turniersport in den USA, den Dysli seit 1969 selbstständig betrieb. Von da an war er von Februar bis November jedes Jahr »on the road«. Turniere und Shows wechselten im gesamten Westen bis nach Texas einander ab und zu Hause wartete unter der Woche der eigene Stall. Bis 1981 ritt er nur Cow-Klassen (Working Cowhorses). Gerade bei dieser Arbeit, so Dysli, sei die Persönlichkeit des Pferdes von ausschlaggebender Bedeutung. Und die sei nun bei Hengsten deutlich ausgeprägter als bei Stuten, von Wallachen ganz zu schweigen. Aber jede Regel hat auch Ausnahmen: »Stuten werden oft unterschätzt. Eine Stute, die sehr viel Charakter hat, die kann manchmal enorm überraschen!«

Trotzdem blieb Dysli natürlich den Hengsten treu – und sie ihm. Einer hatte es ihm besonders angetan, »War Bond Leo«. »Der war wie ein Mensch mit vier Hufen, unbeschreiblich! Er hatte einen tollen Charakter und eine Persönlichkeit, das kann man sich kaum vorstellen.« Jean-Claude Dysli reitet ihn nicht, als das Pferd das Cutting-Horse-Champion-Turnier gewinnt, sollte aber seinen Sohn, Doc Bar, später als Vierjährigen in den World Championship hineinreiten.

Nach 47 Pferdejahren erinnert sich Dysli nur an drei Pferde, zu denen er eine besonders innige Beziehung hatte – und alle waren Hengste:

Johnny Tivio, der eigentlich ein Rennpferd werden sollte, nie unter dem Sattel geshowt wurde und sich später als genialer Vererber entpuppte, der bereits erwähnte **War Bond Leo** und **Sugar Bars**. Dysli fügt noch ein viertes Pferd hinzu, seinen jetzigen Deckhengst Okie, ein Enkel von Johnny Tivio, den er nach langer Suche als 11-jährigen in den USA gefunden hat.

»Mit diesen Pferden kann man über das Gefühl kommunizieren. Sie spüren, was du denkst, sind so fein, reagieren auf die kleinste Veränderung. Man glaubt, die könnten Gedanken lesen. Können sie natürlich nicht, aber es ist einfach schön, ein Pferd nur über das Gefühl im Griff zu haben. Und das klappt besonders gut mit Hengsten.«

Dass Pferde eine ausgeprägte sensible Wahrnehmung haben, ist allgemein bekannt, dass sie aber Veränderungen bis zu einem fünftel Millimeter in der Mimik eines Menschen ausmachen können, wissen nur wenige. Dysli, zunächst skeptisch, hatte das zuerst von Fredy Knie sen. erfahren, mit dem er in der Schweiz nicht nur viel zusammengear-

Jean-Claude Dysli ist bereits als junger Mann in den USA vom Westernreiten fasziniert. Bald schon reitet er als Profi Working-Cowhorse-Shows.

beitet hat, sondern mit dem er obendrein auch noch verwandt war. Knie sagte immer: »Mensch, wie siehst du denn aus? So kannst du doch nicht zu den Pferden gehen! Du musst fröhlich ausschauen.« Ein Professor für Verhaltensforschung an der Universität von Ohio bestätigte Dysli gegenüber jedoch Knies Beobachtungen. Die Wissenschaftler dort hatten bei Pferden ähnliche Wahrnehmungsphänomene festgestellt. Kein Wunder also, dass man einem Hengst nichts vormachen kann. Kein Wunder auch, dass die von Jean-Claude Dysli beschriebene »Feinst-Kommunikation« möglich ist. Soweit zum Ideal. Bis man aber dort hingelangt, was nicht mit jedem Hengst zu erreichen ist, legt man einen jahrelangen Weg zurück. Den beschritt Dysli eigentlich im Jahr 1964, als er Ray Hunt nach mehreren Jahren wieder einmal traf und dieser sich völlig verändert hatte. Auch mit den Pferden ging er anders um, als Dysli es kannte. »Das war sagenhaft, wie der Ray Hunt mit den Hengsten klarkam. Das wollte ich auch lernen.« Überhaupt wollte er immer schon wissen, wo das Geheimnis der amerikanischen Quarter Horses lag. Die gut gesitteten Hengste waren ihm ein Rätsel. »Wieso waren die so klar im Kopf? Lag es an der Rasse oder doch an der Handhabung?« Mit Hilfe von Ray Hunt soll-

Oben: Mit Okie hat sich eine sehr enge Beziehung ergeben. Der Hengst begleitet Dysli auf all seinen Touren durch Europa.

Links: Okie ist ein Enkel von Johnny Tivio. Dysli fand ihn nach langer Suche in den USA und traf seine Kaufentscheidung spontan.

te Dysli eine Antwort auf die Fragen erhalten. Hunt gab ihm den Rat, auf die WP-Ranch zu einem Mann namens Tom Dorrance zu gehen. Der könne ihm alles beibringen. Und dort oben in den Bergen von Nevada, wo Tom Dorrance überwiegend mit Mustangs arbeitete, lernte Dysli, wie man einen Hengst trainiert und nicht nur abrichtet.

Der zentrale Punkt dabei ist die Übernahme der Führung zum richtigen Zeitpunkt. Den erkannte Dysli durch einfache Beobachtung der Mustangherden. »Die Herden, maximal 30 Tiere, aber oft kleiner, sind etwa zur Hälfte Hengste und Stuten. Die Stuten werden nur alle zwei Jahre rossig, denn sie haben im Jahr nach der Geburt noch das Fohlen bei sich und widersetzen sich. Das ist reine Selbsterhaltung. Die Junghengste werden dann im Alter von zwei Jahren vom Leithengst weggeschickt. Dann passiert das Entscheidende. Die Junghengste tun sich zusammen und nach ein paar Rangeleien übernimmt einer die Führung. Alle anderen gehen ins zweite Glied und unterdrücken ihren sexuellen Anspruch.« Aus der Natur lernend sollte man also den Junghengst im Alter von zwei Jahren an den Menschen gewöhnen. Man sollte ihn nicht unbedingt bereits reiten, aber ihm an der Hand zeigen, wer das Sagen hat. Wenn man sich hier richtig durchsetze, resümiert Dysli, akzeptiere der Junghengst ganz selbstverständlich die Führungsposition des Menschen. Wie in der Herde reduziere sich der Sexualtrieb und die andauernden Konfrontationen, das bekannte Antesten, bliebe aus. Hengste mögen klare Verhältnisse – und je dominanter sie von Geburt an sind, desto klarer müssen die Verhältnisse sein. »Man muss mit einem Hengst deutlich, unmissverständlich, klar und gerecht umgehen. Dann stellt sich Respekt ein. Das Hauptthema ist die Gerechtigkeit. Hengste vertragen keine Ungerechtigkeit!« Das sagt Dysli aus eigener Erfahrung. Denn auch er, so räumt er unumwunden ein, war früher schon mal ungerecht zu Hengsten, habe überzogen reagiert, wo es nicht notwendig gewesen sei. Ein Hengst – wie jedes andere Pferd auch – muss immer wissen, wieso die Strafe erfolgt. Das Timing der Einwirkung ist das Entscheidende. Das Timing gibt die Assoziation zum Fehler. Wenn die fehlt, werde der Hengst in aller Regel zornig.

Mit dem richtigen Timing, ständigen Wiederholungen und Belohnungen baut man den Hengst psychisch auf. Er widersetzt sich nicht mehr und wird beginnen, zu kooperieren. »Ab und an wird er trotzdem noch mal versuchen, seinen Kopf durchzusetzen. Ein Dreijähriger kann voller Überraschungen sein. Davon darf man sich nicht irritieren lassen.« Dysli ist mit dieser Methode gut gefahren. Seine Hengste folgen ihm aufs Wort und vertrauen sich ihm völlig an. Bei den vielen Kursen, die er gibt, kommt es zum Beispiel immer wieder vor, dass ein fremder Hengst plötzlich angreift. »Die haben keine Führung. Das merkt man schon, wenn sie in die Halle kommen. Aber meiner zuckt noch nicht mal und überlässt alles mir. Das ist dokumentiertes, kein ideelles Vertrauen. Das finde ich toll!«

Wie bei Tom Dorrance und den Mustangs gelernt, beginnt Dysli konsequent im Alter von zwei Jahren mit der Ausbildung. Als Profi arbeitet er dann täglich mit dem Junghengst. »Nicht ein- oder zweimal die Woche. Das bringt nichts. Man muss ihn richtig an die Hand nehmen. Man muss ihn gewöhnen, dann wird er uns akzeptieren.«

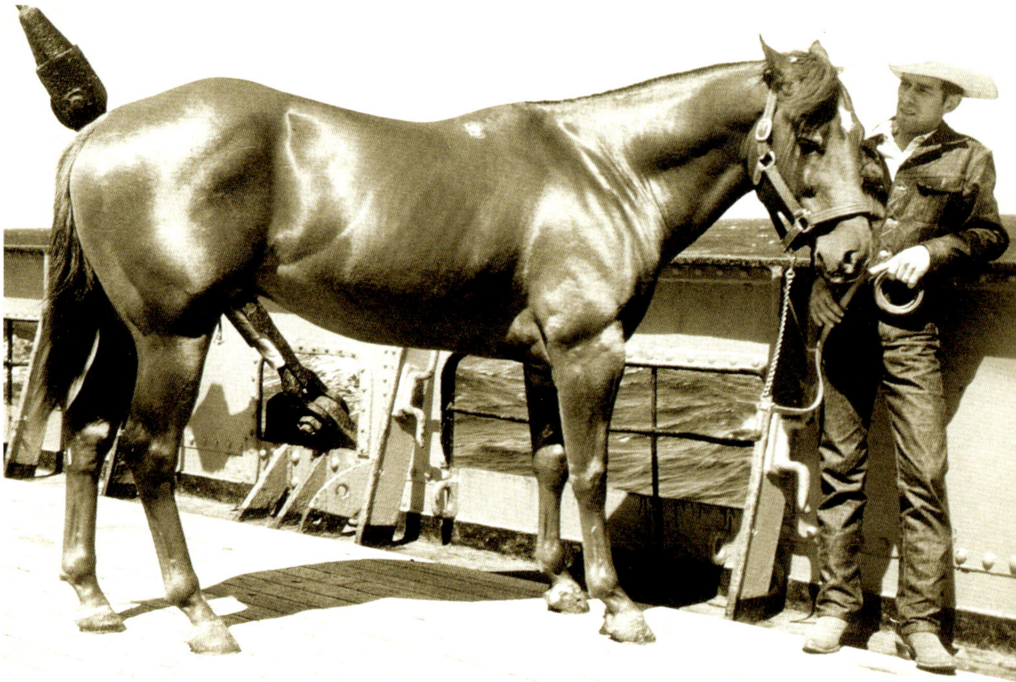

Jean-Claude Dysli mit seinem Hengst Nevada Victory an Bord der Westerdam auf dem Weg von Amerika nach Europa. Der Quarterhorse-Hengst zeigt auch auf hoher See ein stabiles Nervenkostüm.

Nach all den Jahren und den vielen Pferden hat Dysli erkannt, dass man mit Wallachen und Stuten anders umgehen muss. Bei ihnen sei das Alter nicht so wichtig und Nachlässigkeiten würden verziehen. Allerdings schränkt er ein, dass spät kastrierte Hengste, etwa im Alter von vier bis fünf, oft die anerworbenen Manieren beibehalten, obwohl der Kampffaktor Testosteron nicht mehr produziert wird. Für die gilt dann: Eigentlich ist er ein Hengst!

Bevor Dysli aber mit der Arbeit beginnt, lässt er die Jungpferde weitgehend in Ruhe. Er gewöhnt sie ans Halfter und sieht schon mal nach den Hufen. Ansonsten beschränkt er sich darauf, die Jährlinge in der Herde genau zu beobachten, um möglichst viel über deren Charakter zu erfahren. »Bis die zwei sind haben sie sich dann die Hörner untereinander abgestoßen. Junghengste sind da nicht zimperlich, die können sehr viel vertragen. Besonders wenn nach einem Jahr die ersten Testosteronschübe kommen sind sie fast schmerzunempfindlich.«

Jean-Claude Dysli wird immer wieder ein nicht eben sanfter Umgang mit seinen Pferden unterstellt. Das sieht er selbst natürlich anders. Er schätzt das klare, saubere Verhältnis zwischen Mensch und Pferd. Wenn ein Hengst knabbert, kann Dysli sehr ungemütlich werden. Der Vorteil ist: Nach zwei oder drei Malen ist die Sache abgeschlossen.

Der Hengst weiß, was er darf und was nicht. »Ich bin da ziemlich natürlich veranlagt. Da bin ich ganz Hengst.« Dysli arbeitet mit dem Hengst, damit er Respekt bekommt. Hat er einmal Respekt, ist alles andere leichter zu lernen.

Bis zum Alter von circa dreieinhalb Jahren ist die Prägung und Charakterbildung eines Hengstes möglich. Nutzt man diese Zeit, da ist Dysli absolut sicher, habe man später folgsame und manierliche Pferde. Von dreieinhalb bis zu etwa sechseinhalb Jahren, wenn die Hengste also fast ausgewachsen sind, findet die Ausbildungs- und Gymnastizierungsphase statt. Die sekundären Geschlechtsmerkmale der Hengste, zum Beispiel ihre starke und schwere Muskulatur im Hals und in der Schulter, machen sie im Vergleich zu Stuten träge. Deshalb sei die Gymnastizierung das A und O, um im Alter gesunde und leistungsfähige Pferde zu haben. Dysli legt Wert auf die Feststellung, dass er seine Hengste nicht abrichtet, sondern sich Zeit nimmt und sie stattdessen ausbildet. Die Ausbildung muss die reiterlichen als auch die psychischen Aspekte abdecken. »Der Hauptanteil der Leistung eines Hengstes hängt von seiner Psyche ab. Wenn die gut geschult ist und das Pferd ist offen für den Menschen, dann geben die ihr Herz.« Als kritische Zeit während dieser Schulung bezeichnet Dysli das Alter zwischen etwa viereinhalb und sieben. Den Kinderschuhen längst entwachsen und die Jungend so gut wie hinter sich, hat der Hengst Reife erlangt und ist dabei, sich eine eigene Meinung zu bilden. An diesem Punkt müsse man weiterarbeiten und sehr genau beobachten. Sonst laufe man Gefahr, dass der Hengst sich erneut auflehne, den Boss spiele, was zwangsläufig zu einer Leistungsminderung führe. Habe man diesen Punkt aber überstanden, gebe es in aller Regel danach keine Probleme mehr. Als Beispiel zitiert Dysli eine Geschichte aus seinem eigenen Leben. Mit 25 Jahren war er Hauptmann der Schweizer Armee. Während eines Manövers gab es Alarm und ein Major versuchte Dysli in typisch militärischer Manier Befehle zu geben. Dyslis Reaktion darauf hatte wenig militärischen Charakter. Lachend erwiderte er: »So, so. Du hast also Alarm?« Was er nicht sagte war: »Ich lass mir doch von dir nichts sagen!« Und genau so geht es einem Hengst, der am kritischen Punkt zur Reife nicht weiter und fertig ausgebildet wird. Er fragt sich irgendwann: »Was will der eigentlich von mir? Ich mag nicht!«

Der psychische Aufbau durch engen Kontakt und korrekte Führung könne den Hengst über diese kritische Zeit bringen. Danach seien Korrekturen sehr schwer und nur

Glücklich in Rotterdam angekommen. Nevada Victory ist das erste Quarterhorse in Europa.

von erfahrenen und guten Pferdeleuten zu bewerkstelligen. Das sind dann die Pferde, die uns das Leben schwer machen, mit denen wir nicht mehr klarkommen. Sie haben Untugenden erworben wie Beißen, Steigen oder Buckeln. Der Fehler aber lag immer beim Menschen. Dysli, der selbst zwei Jahre lang mit Korrekturpferden gearbeitet hat, geht in einem solchen Fall an die Ursachenforschung. »Das Steigen ist nur ein Symptom. Bekämpft man es, doktert man an der Oberfläche herum. Die Frage muss lauten: Wieso steigt er?« Beim Beißen, das immer irgendwann als harmloses Knabbern angefangen hat, ist die Ursache meist das frühe Füttern aus der Hand. Hiermit wird eine Erwartungshaltung geschult, die oft mit einem Biss endet. Schon das Knabbern darf man nie erlauben! Es kann beim Hengst überdies den Sexualreflex auslösen, was nicht ungefährlich ist. Dysli jedenfalls füttert seine Pferde nie aus der Hand. Kein Zucker, kein Apfel, kein Leckerli!

Steigt ein Hengst an der Hand, tut Dysli das, was er bei Fredy Knie sen. gelernt hat: Er zwingt ihn, zu steigen. Und das immer wieder, solange, bis der Hengst die Faxen dicke hat. Dazu braucht es aber schon eine Menge Erfahrung. Ist ein Hengst richtig aggressiv und geht mit angelegten Ohren und entblößten Zähnen zum Angriff über, wählt Dysli den Gegenangriff, geht auf ihn zu, reißt die Arme hoch und brüllt ihn an. Das, so betont er, wolle er aber niemandem raten. Besser sei es, sich so schnell wie möglich in Sicherheit zu bringen und durch den nächsten Zaun zu tauchen.

Als abschreckendes Beispiel erzählt Dysli eine Geschichte aus Zürich, wo er eine Zeitlang Tiermedizin studierte. Die Polizei holte ihn zu einem Unfall auf einer Koppel. Dort hatte ein Hengst ein Mädchen angegriffen und dabei schwer verletzt. Beide befanden sich noch auf der Weide und die Polizei sah sich außer Stande den Hengst zu erschießen, solange er sich in unmittelbarer Nähe des Mädchens befand. Dysli ging auf die Weide und schaffte es, den Hengst vom Mädchen abzulenken. Dabei wurde er selbst angegriffen und musste sich mit allen Mitteln zur Wehr setzen. Schließlich ließ das Tier von Beiden ab und blieb stehen. Der Hengst war verloren und musste erschossen werden.

Solche üblen Geschichten passieren Gott sei Dank sehr selten. Die Reaktionsmöglichkeiten darauf sind äußerst eingeschränkt. Dem durchschnittlichen Freizeitreiter stehen auch kaum solche Möglichkeiten zur Verfügung, wie Jean-Claude Dysli und seine Kollegen sie früher auf den Ranches im Westen angewandt haben. Sehr angriffslustige Hengste wurden dort zunächst provoziert, um ihnen dann mit dem Lasso die Vorder- und Hinterbeine zusammen zu binden. So wurden sie zwei bis drei Stunden lang in der Sonne liegen gelassen. »Das ist die größte Demütigung für einen Hengst. Anschließend kamen wir mit Wasser, haben ihn losgebunden und gestreichelt. In 80 bis 90 Prozent aller Fälle war das Pferd danach geheilt und nahm eine Demutshaltung ein.« Das äußert sich dadurch, dass der Hengst den Kopf herunternimmt, kaut, den Blickkontakt scheut.« Dysli ist heute kein überzeugter Vertreter dieser Methode mehr, die einen Hengst auch brechen kann, hält sie aber im Extremfall für zulässig, wenn dadurch ein soziales Miteinander zwischen Mensch und Tier wieder hergestellt werden kann.

Die Bedeutung der Kontaktpflege am Boden wird immer noch von vielen unterschätzt. Jean-Claude Dysli auf seiner Finca in Andalusien.

Gefährliche Situationen wie eine Hengstattacke kann man zum Beispiel provozieren, wenn man unkontrolliert seinem Ärger und seiner Wut Luft macht. Hengste verstehen das nicht, empfinden die Reaktion als ungerechtfertigt und werden zornig. Wiederholt sich das, kann es zum Muster werden und der gelehrige Hengst fängt immer an, sich aufzubauen, wenn ihm irgendwas nicht passt. Das kann sich bis zum Angriff steigern.

»Ein Hengst lernt nie etwas unter Druck und Stress. Sie lernen nur in der Ruhe und über ständiges konsequentes Wiederholen. Haben sie es einmal im Kopf, dann werden sie es richtig machen.«

Ein gutes und wichtiges Beispiel für die Ausbildung eines Hengstes ist die Arbeit mit Sporen, die ja nicht dazu erfunden wurden, Pferde zu quälen. Seine ersten Sporen muss man sich bekanntlich verdienen, was bedeutet, dass nur gute Reiter Sporen tragen durften. Ist man im Umgang mit Sporen ungeübt und wurde der Hengst nie darin ausgebildet, kann er es leicht als Aufforderung zum Kampf auffassen, wenn Sporen schmerzhaft in seine Seite gestoßen werden. Dysli bereitet bereits die Zweijährigen auf die spätere Hilfe durch Sporen vor. Er lässt sie seitwärts wegtreten und berührt sie dabei mit dem Daumen immer dort, wo später die Sporen angesetzt werden. Auf diese Weise gewöhnen sie sich an den Druck und müssen sich nicht dabei zusammenziehen oder aufbauen. Gewöhnung ist das Zauberwort für einen Großteil der Ausbildung – Gewöhnung und Ruhe. Das Beste sei sowieso, meint Dysli, immer ganz gelassen seinen Job zu machen. Egal, ob es die Arbeit am Boden oder auf

Okie ist einer der vier Hengste in Dyslis Leben, zu denen er eine intensive Beziehung hatte. Okie ist Dyslis aktueller Deckhengst.

dem Pferd ist. Egal, ob die Hufe gemacht werden müssen oder der Hengst aus der Box geholt wird und dabei vielleicht sogar an einer rossigen Stute vorbei muss. Setzt dabei Unruhe ein, die sich zu Angst steigern kann, dann überträgt sich das automatisch auf das Pferd. Und schließlich passiert genau das, was wir vermeiden wollten.

Wird ein Hengst immer separiert und hat so keine Chance auf normale soziale Kontakte zu anderen Pferden, dann legt man damit bereits den Grundstein für alle möglichen Probleme. »Mit Wallachen können Hengste, solange keine Stuten dabei sind, ohne Probleme zusammen stehen.«

In den Fragen der Haltung und damit verbundener Probleme macht Dysli immer aufs Neue seinen Standpunkt klar: Mit gut ausgebildeten Pferden gibt es kaum Probleme. Auch Hengste seien dann im Verhalten gegenüber anderen Pferden vom Wallach kaum zu unterscheiden. Sie könnten neben Stuten stehen und neben Wallachen galoppieren. Dazu müsse man sie nicht kastrieren. Und wenn schon, dann sollte es im Alter von zwei Jahren oder besser noch früher geschehen. Eine Spätkastration hält Dysli in aller Regel schlicht für dumm.

Er selbst wählt seine Hengste nach den drei Kriterien Pedigree, Aussehen und Charakter aus. Wer da ordentlich punktet, darf auf jeden Fall Hengst bleiben. Dyslis Pferde müssen einen Willen haben, selbstsicher und gediegen sein. »Rowdys, das beobachte ich oft in der Herde, sind in Wirklichkeit oft Feiglinge. Sie machen viel Radau und kneifen im Ernstfall. Das ist bei Stuten auch zu beobachten. Die Leitstute dirigiert ihre Herde mit einem Augenaufschlag.« Der gediegene, selbstsichere und gefestigte Hengst wird seinen Charakter auch nach dem Deckakt nicht ändern. Auch hier gilt: Hatte er vorher keine Führung, übernimmt die Natur die Führung. Und die kennt nur ein Leitsystem, die Hormone. Deshalb und mit ihrer feinen Wahrnehmung, reagieren Hengste nach Dyslis Beobachtung auf Frauen während ihrer Menstruation aggressiv. »Wenn man dann mit seinem Hengst arbeitet, sollte man schon aufpassen. Da habe ich bereits Unfälle erlebt. Hengste unterscheiden auf jeden Fall zwischen Männern und Frauen.«

Zum Ende des Gesprächs offenbart Jean-Claude Dysli überraschend, dass er kein Hengstfanatiker sei. Er reite gerne die unkomplizierten Stuten. Aber als nüchterner und realistischer Pferdemann ziehe er das Fazit: »Am meisten habe ich von Hengsten zurückbekommen. Man kann mehr aus einem Hengst herausholen. Er kann immer noch zulegen und viel für dich tun. Aber man muss es richtig machen! Schöngeister sollten sich nicht als Hengsthalter versuchen.«

Jean-Claude Dysli

Kompakt

Um auf Dauer mit einem Hengst klarzukommen, empfiehlt Dysli, im Alter von zwei Jahren mit der Ausbildung zu beginnen, dem Zeitpunkt also, wo Hengste in der Herde separiert werden. Das richtige Timing ist auch ansonsten eins von Dyslis Hauptanliegen. Bei der Arbeit soll man unmissverständlich und gerecht agieren, Härten können vorkommen. Ungerechtigkeiten gegenüber Hengsten muss man auf jeden Fall vermeiden. Der Hengst andererseits muss Respekt vor seinem Trainer haben.

Richard Hinrichs

Zur Person

Richard Hinrichs Weg zu den Pferden war programmiert. Im Alter von drei Monaten »saß« er zum ersten Mal auf einem Pferd und während der Schwangerschaft sprang seine Mutter noch im siebten Monat Courbetten. Das prägt. Fast wäre es allerdings zu einem Bruch auf seinem Weg zu einem der besten und erfolgreichsten deutschen Vertreter der klassischen Reiterei gekommen. Als seine Leistungen in der Schule nachließen, verboten ihm die Eltern, beide Schüler der Spanischen Hofreitschule, das Reiten. Nur heimlich und ohne Wissen der Eltern ritt er weiter. Vielleicht, so mutmaßt er heute, wäre seine Leidenschaft ohne dieses Verbot nicht so intensiv geworden. Während eines einjährigen Studienaufenthaltes in Wien war er Schüler des späteren ersten Oberbereiters der Spanischen Hofreitschule, Arthur Kottas. Bereits zwischen sieben und neun Uhr morgens beobachtete er die Bereiter bei der Arbeit, eilte dann zur Uni, um ab mittags Kottas Privatpferde zu reiten.

Einige wichtige Pferde im reiterlichen Leben Richard Hinrichs waren Stuten. Er erlebte mit ihnen eine hohe und für ihn wichtige Beständigkeit in der Tagesform. Da diese Eigenschaft bei Stuten aber eher selten ist, wandte sich Hinrichs später vermehrt männlichen Pferden zu. Sie seien nicht so sehr schwankenden Tagesformen ausgesetzt wie Stuten. Diese Eigenschaft und das natürliche Imponiergehabe des Hengstes könne man besonders bei Aufführungen gut für sich nutzen. Ergo stehen in seinem Stall neben zwei Wallachen nur Hengste.

Heute lebt und arbeitet Richard Hinrichs in der Nähe von Hannover. Im Jahr 2004 gründete Hinrichs mit Freunden den »Bundesverband für klassisch-barocke Reiterei Deutschland e.V.«, dessen Präsident er ist.

Vollendete Piaffe vor perfekter Kulisse: Richard Hinrichs ist einer der bekanntesten deutschen Klassischen Barockreiter – hier auf einem Kladruberhengst.

»Das Wichtigste ist das richtige Maß von Nähe und Distanz.«

Die Praxis der alten Habsburger Gestüte bei Aufzucht und Haltung hat es Richard Hinrichs angetan. Dort werden die jungen Fohlen bereits kurz nach der Geburt angefasst, an den Menschen vom ersten Augenblick an gewöhnt, um dann aber konsequent der Sozialisation im natürlichen Herdenverband überlassen zu werden. Der Kontakt zum Pfleger beschränkt sich während dieser Zeit auf die Fütterung, bei der die Hengste angebunden werden. Außerdem wird das Geben der Hufe geübt. Sie lernen den Tierarzt kennen und den normalen täglichen Umgang mit Menschen. Erst mit dem vollendeten dritten Lebensjahr beginnt hier die Grundausbildung. Und so hält es auch Richard Hinrichs: »Bis dahin haben die Hengste in der Herde Sozialverhalten gelernt und Rangkämpfe ausgefochten. Das tun sie besser untereinander und nicht mit dem Menschen. In dieser Zeit des Kräftemessens brauchen sie Platz und viel Freiraum.«

Die so wichtige Prägung in den ersten Tagen und Wochen kann durchaus wieder verloren gehen. Sie müsse immer wieder erneuert werden, sei immens wichtig, aber eben doch nicht alles, erklärt Hinrichs. Nur in Kombination mit der Ausbildung, die der Hengst in der Herde erhält, würden Pferde heranwachsen, für die eine Rangordnung selbstverständlich sei. Leithengste seien regelmäßig starke, in sich ruhende Persönlichkeiten. Der enge Kontakt zum Pferd ist Hinrichs wichtig, aber nur in der Herde könne ein Hengst die Regeln der Rangordnung lernen und mit dieser Erfahrung auch den Menschen als Ranghöheren akzeptieren. »Es gibt einfach immer einen Ranghöheren für heranwachsende Hengste. Und mit dieser Tatsache arrangieren sie sich.«

Im Idealfall trifft so das selbstbewusste Pferd, das gelernt hat, sich einzuordnen, auf einen in sich ruhenden starken Menschen. Einen, der sich nicht laufend für seine Existenz entschuldigt und versucht aus einer innerlich gebückten Haltung heraus, die Leitfigur für einen Hengst zu sein. Richard Hinrichs hat gelernt, dass Hengste gerne einem Menschen vertrauen wollen. Aber die Natur gibt ihnen vor, dass sie nur den Starken vertrauen können.

Ab dem Alter von zwei Jahren wurden junge Pferde in seinem Elternhaus, so erinnert sich Richard Hinrichs, im Winter nur mit Kappzaum und ohne Ausbinder täglich zehn Minuten longiert. Länger nicht, denn für mehr reiche die Konzentration eines jungen Pferdes nicht aus. Zu viel Training in diesem Alter sei kontraproduktiv. Diese Maßnahme habe sich bewährt. Sie bilde Vertrauen und festige die Position des Menschen. So vorgebildet, kann die Ausbildung des Junghengstes beginnen und fußt auf einer gesunden Grundlage.

Für Hinrichs ist das Wichtigste im Umgang mit Hengsten die Konsequenz. Das ist nichts Neues, wird aber von vielen Reitern trotzdem falsch verstanden oder nicht durchgehalten. Besonders ein Hengst brauche klare Vorgaben und wenn diese Vorgaben den Bedürfnissen des Pferdes entsprächen, dann werde sich der Hengst auch daran halten. Auf diese Weise vermeide man das dauernde Austesten der Grenzen, das den Alltag mit Hengsten so mühsam und mitunter gefährlich machen kann. Dabei müssen die zu treffenden Maßnahmen ständig den sich ändernden Voraussetzungen angepasst werden. Das erfordert viel Erfahrung, Einfühlungsvermögen und Selbstsicherheit. Der Hengst kann nur tun, was man von ihm verlangt, wenn er es auch versteht. Wenn ein, aus welchem Grund auch immer, aufgeregtes Pferd in die Bahn kommt, nutzt es nichts, stur bei seinem Trainingsprogramm zu bleiben. Hier ist zunächst eine Beruhigung der Situation angesagt, sonst ist der Lerneffekt – bestenfalls – gleich null. Oft produziert man aber eine negative Lernerfahrung und muss wieder mit Lektionen beginnen, die bereits abschließend behandelt schienen.

Die Bindung zum Hengst werde durch ein angemessenes Verhalten gestärkt, erklärt Richard Hinrichs. Man müsse ihm in jeder Situation Sicherheit geben, dann werde er ruhig. Das Bedürfnis nach Sicherheit ist für einen Hengst elementar. Deshalb ist das Moment der Erfahrung beim Training von Hengsten so wichtig. Niemand macht immer alles richtig, auch Menschen unterliegen einer Tagesform. Diese Schwankungen und daraus erwachsende kritische Situationen können fast nur mit Erfahrung und daraus resultierender eigener Sicherheit ausgeglichen werden. Auch für die Einschätzung dessen, was jeweils angemessen ist, benötigt man Erfahrung. Kurz ist die Zeit, in der eine Entscheidung getroffen werden muss. Überreaktionen und ausbleibende Reaktionen verunsichern den Hengst und schon beginnen die Probleme.

Hinrichs hat beobachtet, dass Hengste sich schneller mit einer einmal festgelegten Rangordnung arrangieren als Stuten. Stuten würden zwar leichter mitspielen, dann aber die Rangordnung viel häufiger in Frage stellen: »Aber sie tun es nicht so grob wie Hengste«, ergänzt er. Die Festlegung der Rangordnung beginnt bereits im Fohlenalter. Und hier werden die meisten Fehler gemacht.

»Man darf einfach beim Fohlen und beim jungen Hengst nie vergessen, dass sie einmal größer werden. Man muss sie von vorneherein auf Distanz halten.« Er erzählt die Geschichte eines Friesenhengstes, der mit der Flasche groß gezogen worden war. Später hat er seine Menschen immer »umarmt« und sie zu Boden gedrückt. Um die Sicherheit zu gewährleisten, musste er mit zwei Karabinerstangen geführt werden, um ihn auf Distanz zu halten. Unter dem Reiter allerdings war er ein gefälliges Pferd. Hinrichs bezeichnet das als Paradebeispiel einer missglückten Erziehung. Als weiteres überzeugendes Beispiel führt Hinrichs die Erfahrung von Raubkatzendompteuren an. Diese würden viel lieber mit Wildfängen arbeiten als mit Flaschenkindern, die regelmäßig keine Distanz mehr zeigten und so zur unkalkulierbaren Gefahr würden. Bei Pferden ist das ähnlich. Bereits den Fohlen müsse konsequent jedes Zwicken verboten werden, denn das daraus resultierende spätere Beißen eines Hengstes könne schwere Verletzungen verursachen.

»Das richtige Maß von Nähe und Distanz ist das Wichtigste! Nähe, um dem Hengst Sicherheit zu geben, Distanz um die Sicherheit des Menschen zu gewährleisten. Der Mensch ist nicht der gleichberechtigte Sozialkumpan des Hengstes, sondern der Ranghöhere. Niemals darf ein Hengst merken, dass er stärker ist.«

Auch bei der Arbeit an der Hand ist auf körperliche Distanz zu achten. Rangeleien und Schnappen sind zu verhindern. Hinrichs empfiehlt, das Pferd mit langem Arm an den ausgestreckten Zeigefinger stoßen zu lassen, der es im Maulbereich trifft, wenn es distanzlos werden will. Dieses Mittel habe sich als sehr wirksam erwiesen, wenn es angemessen sparsam eingesetzt werde. Letztlich erfolgreich ist es aber nur dann, wenn der Mensch selbst auf Distanz achtet und nicht Grenzüberschreitungen provoziert.

Hinrichs hat in der Herde beobachtet, dass der Rangniedere den Ranghöheren häufig im Schulterbereich attackiert, wenn er dessen Position einnehmen will. Bei der Arbeit gelte es, das auf jeden Fall zu vermeiden. Berühren wir ein Pferd im Schulterbereich mit der Hand oder versuchen wir, es wegzuschieben, dann nehme es uns als Rangniederen wahr. Schnell passiere es auch, dass der Hengst beim Führen vornweg geht und den Menschen hinterherziehe. Auch dabei komme es zu Berührungen im Schulterbereich und damit zu einer rangniederen Position des Menschen. Die Autorität sei dann verloren und viel Zeit, Mühe und Energie müsse aufgewandt werden, um sie zurückzuerlangen.

Die Hohe Schule verlangt eine sehr feine Abstimmung zwischen Pferd und Reiter. Die Hilfengebung bleibt fast unsichtbar. Richard Hinrichs bildet seine Hengste sehr sorgfältig aus.

Bei aller Wahrung der Distanz darf sie aber nicht so groß werden, dass der Hengst sich alleine fühlt. Als Folge stellt sich Unsicherheit ein, die ebenfalls wieder nur mit viel Mühe behoben werden kann. »Es ist eben ein schmaler Grat, auf dem wir uns bewegen. Erschwert wird das dadurch, dass jeder Hengst seine Individualdistanz hat, die nicht unterschritten werden darf, weil er sich sonst bedrängt fühlt.« Natürlich gibt es auch Ausnahmesituationen, in denen von der Regel abgewichen werden muss. Hat ein Hengst Angst, ist es unter Umständen zwingend notwendig, das Distanzgebot außer Acht zu lassen. Dann müssen furchterregende Schlüsselreize überdeckt werden und es entstehen keine Rangstreitigkeiten.

Alleine diese wenigen Beispiele machen deutlich, in welches komplexe und fragile Beziehungsgefüge man sich bei der Arbeit mit Hengsten begibt. Man kann sehr schnell sehr viele Fehler begehen, ohne es bemerkt zu haben. Die Rückmeldung des Hengstes kommt natürlich trotzdem und oft wissen wir dann nicht, den Funktionszusammenhang herzustellen. Insbesondere bei der Arbeit mit aggressiven Hengsten ist ein hohes Maß an Erfahrung erforderlich. Korrekturen beim aggressiven Hengst sollte man deshalb besser einem erfahrenen Trainer überlassen.

Hinrichs ist überzeugt, dass die Ursache von Problemen mit Hengsten in den meisten Fällen eine Frage fehlender oder mangelnder Distanz ist.

Als probates Mittel zum Zweck rät er deshalb, schon bei der Grundausbildung das Rückwärtsrichten mit Hengsten regelmäßig zu praktizieren. Nur der Rangniedere wird nach hinten weichen. Die Übung festigt also die Positionen. Der Schweizer Zirkusdirektor Fredy Knie (sen.) soll gesagt haben, dass er ein Pferd zweitausend Mal rückwärts gerichtet habe, bevor er sich zum ersten Mal auf seinen Rücken setze. So könne es gelingen, die Atmosphäre der Übung auf das spätere Reiten zu übertragen. Wichtig sei in jedem Fall, das Pferd nicht zu reizen und keine Kräfte zu mobilisieren, mit denen man später nicht mehr fertig werde.

Hinrichs erzählt die Geschichte einer gefährlichen Auseinandersetzung mit einem Hengst. Ein Mann attackierte bei der Arbeit sein Pferd immer wieder mit der Gerte. Das Pferd wurde aufgeregt und zeigte Anzeichen von Aggression. Hinrichs warnte den Mann, wurde aber verlacht und als Schwächling bezeichnet. Ein Hengst, so die vermeintlichen Experten, müsse hart angefasst werden. Das Ergebnis waren ein massiver Angriff des Pferdes und eine tiefe Bisswunde. »Solche groben Fehler muss man natürlich vermeiden. Man darf keine Aggressionen erzeugen, sondern sollte Aggressionsbereitschaft abbauen.«

Iberische Pferde sind ein gutes Beispiel dafür, wie unterschiedliche Herangehensweisen beim Hengst unerwünschte Reaktionen erzeugen können. Iberische Menschen, so Hinrichs Einschätzung, seien in der Regel anders veranlagt als Mitteleuropäer. »Viele Spanier und Portugiesen gehen der direkten Konfrontation bei der Arbeit mit Pferden meist aus dem Weg und suchen Lösungen, bei denen alle ihre Gesichter wahren können. Viele Mitteleuropäer hingegen suchen die Konfrontation! Iberische Pferde, die beim Kauf einen sehr braven Eindruck machten, ändern deshalb nach einer Weile ihr Verhalten, weil sie anders behandelt werden.«

Man müsse nicht immer um jeden Preis Dominanz an den Tag legen.

Das bedeutet natürlich nicht, die Steuerung aufzugeben. Man muss jederzeit Herr der Lage sein. Dominanz darf aber nicht zum Selbstzweck werden.

Beispielsweise ist es völlig unangebracht, einen Hengst von vorne anzugehen. Er wird das immer als Angriff werten und aggressiv reagieren. Steigt er, dann ist es die einzige Möglichkeit, die Aggression in eine Vorwärtsbewegung umzulenken und ihn zu bewegen. Dabei solle man ihn nicht müde jagen, wie das oft als Mittel zur Beruhigung empfohlen wird, sagt Hinrichs. Es reiche, ihn in die kontrollierte Bewegung zu bringen. Dann sei Nähe wieder möglich.

Immer wieder bringt Richard Hinrichs Beispiele für die Probleme, die aus falschen Nähe-Distanzverhältnissen entstehen können. Für ihn sind die Unausgewogenheit und die Nähe oder Distanz am falschen Ort und zur falschen Zeit das Hauptproblem bei der Arbeit mit Hengsten. Zu oft muss er Kraftdemonstrationen beobachten, mit denen Hengste eingeschüchtert werden sollen, die jedoch nur das Gegenteil provozieren.

Im Alltag ist das häufig zu beobachten, wenn der Hufschmied im Stall ist. Der hat in der Regel natürlich keine Zeit – und es ist auch nicht seine Aufgabe – das Pferd zu erziehen. Hat der Hengst eine gute Ausbildung erhalten und versteht der Hufschmied seine Arbeit, dann erleben wir ein harmonisches Miteinander zwischen Mensch und Tier. Anders ist es, wenn der Hufschmied seine Ziele mit Kraft und Gewalt erreichen will. Distanz kann er auf Grund seiner Tätigkeit nicht halten. Der Hengst wird sofort reagieren und es beginnt ein für alle ungutes Kräftemessen. Nasenbremsen und Tritte sind das Ergebnis. Entscheidend, das hat Hinrichs über Jahre beobachtet, ist aber die jeweilige Persönlichkeit. Dass Hengste von vorne herein aggressiver oder kooperativer sind, konnte er nicht bestätigen.

Für wie selbstverständlich es von Vielen gehalten wird, dass es zu gefährlichen Situationen kommen kann, mag folgende Geschichte belegen:

Ein Bekannter Richard Hinrichs unterrichtet Profis an einer Schule für Pferdewirte. Ein Jockey sollte in einem Aufsatz Auskunft darüber geben, worauf beim Besuch des Tierarztes im Stall besonders geachtet werden muss. Die Antwort lautete: »Ich muss aufpassen, dass nicht ich, sondern der Tierarzt da steht, wo man einen Tritt bekommen kann.« Ob der Autor den Hinweis ernst meinte, ist nicht belegt.

Gefahr, Angst, Sorge, Furcht! Diese Gefühle begleiten die meisten Menschen, wenn sie mit Hengsten arbeiten. Und genau diese starken Gefühle provozieren, wenn sie nicht kontrolliert werden können, nicht selten eben die Situationen, die man unbedingt vermeiden will.

Ein weiteres wichtiges Kapitel in der Praxis ist die Frage nach der Zusammenstellung von Herden und der Belegung von Boxen im Stall. Hengste brauchen, so wie alle Pferde, dringend den sozialen Kontakt mit ihresgleichen. Aus lauter Angst und Unerfahrenheit werden sie aber oft separiert und fristen ihr Dasein abseits der Herden alleine im Stall oder auf einem Paddock. Auch in Richard Hinrichs Stall gibt es natürlich Pferde, die sich einfach nicht mögen. Da hilft nichts, außer sie weit auseinander zu halten. Die Zusammenstellung von Herden sei nicht einfach, so Hinrichs. Man müsse die Tiere aussuchen, die sich gegenseitig beruhigen und die sich nicht ständig reizen. Dabei kann das bei der Arbeit auf dem Platz oder in der Manege völlig anders aussehen als auf der Weide. Während hier der Mensch die Hierarchie vorgibt, kann sie sich dort auflösen. Kämpfe und Rangeleien versetzen dann die Besitzer in Angst und Schrecken.

Nach der Arbeit in der Halle konnte Hinrichs seinen Hengst einfach zum Wälzen schicken, während um ihn herum andere Hengste mit ihren Trainern bei der Arbeit waren. Nichts geschah und der Hengst machte dabei einen vollkommen entspannten Eindruck. Hätten sich die Trainer aus der Halle entfernt, wäre von der Entspannung höchst wahrscheinlich nicht viel übrig geblieben. Diese Sachverhalte muss man unbedingt im Auge behalten.

Deshalb würde Hinrichs seine Hengste auch nicht alleine auf der Weide zusammenlassen. Er ist kein Freund von Bildern kämpfender Hengste. Solange die Sicherheit aber gewährleistet sei, könne er sich allerlei Zusammenstellungen von Pferden vorstellen. Hengste im Herdenverband könnten sehr zufrieden leben, wenn es genügend Platz zum Ausweichen gebe. Es dürfe eben nichts passieren. Experimente, bei denen Pferde Schaden nehmen können, gehören nicht zu Hinrichs Beschäftigung.

Bei den Rassen macht Richard Hinrichs nicht allzu viele Unterschiede aus. Bestenfalls Friesenhengste zeigten weniger aggressives Verhalten als ihre Artgenossen anderer Rassen, wobei neuere Züchtungen dieses Merkmal bereits wieder vermissen ließen. Araberhengste müssten dauernd beschäftigt werden, würden aber sehr schnell lernen.

Die schwierigsten Tiere überhaupt, so jedenfalls soll es einmal Fredy Knie sen. gesagt haben, seien nicht Löwen oder Tiger, sondern jugoslawische Lipizzaner.

Kastrationen, speziell späte Kastrationen sind trotzdem für Hinrichs kein Allheilmittel. Generell trügen sie schon zur Beruhigung des Pferdes bei, könnten aber neue Probleme hervorrufen. Die Kastrationsnarbe beispielsweise könne sich zu einer dauerhaft schmerzenden Stelle entwickeln. Aber auch psychische Probleme könnten nach einer Kastration entstehen. Viele spät kastrierte Hengste zeigen als Wallache immer noch Hengstverhalten. Sind sie dann nicht gut erzogen und ausgebildet, kommt es schnell zu Missverständnissen zwischen Pferd und Halter, der bei seinem Wallach natürlich keine Hengstmanieren erwartet. Solchen »Wallachhengsten« muss man viel Aufmerksamkeit schenken. Sie benötigen die gleiche Schule wie ein Hengst.

Was aber tun, wenn ein Hengst bei der täglichen Arbeit tatsächlich aggressives Verhalten an den Tag legt und Angriffsverhalten zeigt? Hinrichs Rat ist eindeutig: Distanz halten und die Energie in eine Vorwärtsbewegung umlenken. Wenn man ihn dabei nicht weiter reize, nehme man dadurch dem Hengst das Bedürfnis, sich aggressiv zu verhalten. Wobei es oft schwierig ist, eigenes Reizverhalten zu unterlassen. Ist die Situation erst einmal angespannt, können bereits kleinste Fehler eine weitere Eskalation ver-

Höchste Konzentration von Pferd und Reiter: Der Hengst ist mit seiner ganzen Aufmerksamkeit bei Richard Hinrichs. Bis man mit einem Hengst solche Harmonie erlangt, ist es ein langer Weg.

ursachen. Man reizt dann den Hengst, ohne es zu merken. Hengste merken sich diese Zusammenhänge sehr schnell. Einmal erlernte Funktionszusammenhänge wieder zu löschen ist dann sehr schwer. Kritisch wird es, wenn sie ihre eigene Kraft kennen lernen. Richard Hinrichs glaubt, dass sie sich am Anfang ihrer Kraft nicht bewusst sind. Erst wenn sie merken, dass man einem Menschen sehr leicht Angst einjagen kann und ihn damit dazu bewegen kann, zu weichen, wird der Hengst dieses Verhalten immer wieder an den Tag legen.

Steigen ist aber nicht gleich steigen. Nicht immer sei dieses Verhalten ein Ausdruck von Aggressivität. Es gebe ein spielerisches Steigen, das nicht überbewertet werden dürfe. Reagiere man dann nervös, verschlimmere man die Situation. Ruhe bewahren ist das beste Rezept. Steigen wird erst dann für den Menschen wirklich gefährlich, wenn der Hengst beginnt, mit den Vorderbeinen zu schlagen. Ein dringender Rat von Richard Hinrichs lautet, die Vorderbeine nicht zu touchieren. Das Schlagen mit den Hinterbeinen gehöre eher zum Repertoire von Stuten und werde von Hengsten als Waffe selten eingesetzt. Das bedeutet nicht, dass man sich den Hinterhufen eines Hengstes gefahrlos aussetzen kann. Ebenso wenig, wie man sich einem steigenden Hengst zu sehr nähern sollte.

Für seine These, dass Steigen ein Mangel an Vorwärtsbewegung ist, bringt Hinrichs ein weiteres Beispiel. Ein Friesenhengst, der als Korrekturpferd zu ihm kam, hatte die Angewohnheit entwickelt, bei der Arbeit die Nase hinter die Senkrechte zu nehmen. Dadurch entstand natürlich der bereits erwähnte Mangel an Vorwärtsbewegung. Der Hals rollte sich auf, der Hengst blieb stehen und ging auf die Hinterbeine. Der Hengst konnte seine Halter durch das ständige Steigen derart beeindrucken, dass er nicht mehr arbeiten musste. »Hier hilft nur gehen, gehen, gehen. Das Pferd muss nach vorne. Nachdem wir den Fehler behoben hatten, die Nase vor der Senkrechten blieb, hörte das Steigen sofort auf.« Durch genaue Beobachtung kann man die Gesetzmäßigkeiten hinter solchem Fehlverhalten schnell erkennen und korrigieren.

Hinrichs betont immer wieder, dass es bei ihm nicht sehr viele Probleme mit Hengsten gegeben habe und dass es auch nicht zwangsläufig so sein müsse:

»Hengste sind sehr kooperativ, wenn sie sich wohl fühlen. Dazu muss man ihnen nur das richtige Umfeld schaffen.« Stimme das, dann sei auch eins der häufig angeführten Argumente gegen die Hengsthaltung – Hengste seien unpraktisch – nicht mehr von großer Relevanz. Wenn die erforderliche Infrastruktur zur Verfügung stehe, spräche nichts gegen die Haltung eines Hengstes. Ohne eine solche jedoch leidet zunächst der Hengst und dann der Mensch.

Eine weitere wichtige Voraussetzung für das Wohlbefinden des Pferdes sei die richtige Pferd-Halter-Kombination. Hinrichs hat im Laufe der Jahre viele »unglückliche Lieben« beobachtet. Immer wieder würden Menschen auf der Suche nach dem zu ihnen passenden Pferd den gleichen Typus, den gleichen Charakter auswählen. »Bei Hengsten ist das natürlich in der Konsequenz drastischer als bei Stuten oder Wallachen. Es ist nie leicht, dem Halter dann zu sagen, dass die Kombination einfach nicht passt. Leute hören so etwas nicht gerne.«

Eine Kombination, die ganz offensichtlich gut funktioniert, ist die aus Hengsten und Frauen. Hinrichs, wie auch andere, haben festgestellt, dass Hengste besser mit weiblichen Trainern kooperieren als mit Männern. Bei der Arbeit mit ihnen seien sie entspannter, reagierten leichter auf geringeren Druck. Er mutmaßt, dass Hengste Frauen gefallen wollen. Möglich ist aber auch, dass Frauen von vorneherein weniger Druck aufbauen und so dem Hengst weniger Anlass zur Reaktion geben.

Hinrichs selbst arbeitet mit seinen Hengsten auf einer ähnlichen Basis. Kaum kann man beim Zusehen jemals eine sichtbare Einwirkung feststellen. Die Hengste sind ebenso entspannt und konzentriert bei der Arbeit wie ihr Trainer. Dabei gibt es einen Hengst, mit dem Richard Hinrichs ein besonders enges Verhältnis hatte. Selbst aufgezogen entwickelte sich zwischen ihnen das, was Hinrichs »partnerschaftliches Komplementärverhalten« nennt. »Wurde er nervös, blieb ich ruhig. Wurde ich nervös, wurde er ruhig. Wir haben uns gegenseitig geholfen und Sicherheit gegeben. Das war schon ein sehr außergewöhnliches Verhältnis.«

Eine auf blindes Vertrauen beruhende Beziehung zu ihrem Hengst ist wohl das, was sich die meisten Halter wünschen. Wenn alle Voraussetzungen stimmen, muss das kein Wunsch bleiben. Umfeld, Haltung und Ausbildung sowie eine ruhige und ausgeglichene Persönlichkeit sind die Voraussetzungen dafür. Unerfahrene Reiter und Hengste seien, so warnt Richard Hinrichs eindringlich, allerdings auch beim besten Willen des Reiters eine unverantwortliche Kombination.

»Menschen, die in sich ruhen, die sich nicht mehr beweisen müssen, können gute Hengsthalter sein. Sie sollten mit sich und der Welt im Reinen sein oder sich zumindest in diesen Zustand versetzen können, wenn sie mit ihrem Tier arbeiten. Nicht jeder kann das.«

Richard Hinrichs kompakt

Wie in der Kapitelüberschrift bereits festgehalten, ist das Maß von Nähe und Distanz für Richard Hinrichs das Entscheidende bei der Arbeit mit Hengsten. In den Grenzverletzungen sieht er die häufigste Ursache für Probleme. Ein weiterer wichtiger Begriff ist für ihn der »Funktionszusammenhang«, in dem Dinge gelernt und verstanden werden. Bei schwierigen Hengsten lässt Richard Hinrichs Geduld walten. Konfrontationen vermeidet er.

INGRID KLIMKE

Zur Person

Ingrid Klimke ist nicht nur eine der erfolgreichsten deutschen Vielseitigkeitsreiterinnen, sondern auch in der Dressurszene sehr bekannt. Sie konnte in den vergangenen Jahren bedeutende nationale und internationale Erfolge in beiden Disziplinen feiern.

Einer der glanzvollsten und zugleich tragischsten Höhepunkte ihrer Karriere waren die Olympischen Spiele von Athen 2004. Nachdem ihr in der Teamwertung bereits die Goldmedaille verliehen worden war, wurde das deutsche Team nachträglich wegen eines Bagatellfehlers einer anderen deutschen Reiterin auf den vierten Platz zurückgestuft. Aber mit Enttäuschungen und Rückschlägen kann Ingrid Klimke umgehen. Sie beschreibt sich als willensstark und voller Energie. Kaum jemand, der ihre Arbeit und ihr Leben kennt, würde das bezweifeln. Als Tochter von Dr. Reiner Klimke, dem erfolgreichsten Olympiateilnehmer aller Zeiten, deutete sich ihre Laufbahn als Sportreiterin bereits früh an, obgleich sie als gelernte Bankkauffrau und mit einem Examen als Grundschullehrerin auch einen anderen beruflichen Weg hätte einschlagen können. Nachdem sie jedoch eine weitere Ausbildung als Pferdewirtschaftsmeisterin abgeschlossen hatte, machte sie sich 1998 als Profireiterin selbstständig. Neben ihrem Vater waren Fritz Ligges, der Kanadier Ian Millar und der bereits für ihren Vater tätige Major a. D. Paul Stecken ihre wichtigsten Lehrer.

Nach wie vor legt sie großes Gewicht auf die Ausbildung junger Pferde. Die klassischen Grundsätze der Dressur, vom Vater übernommen, bilden dabei ihre Leitlinie.

Ingrid Klimke legt Wert darauf, ihre Pferde selbst auszubilden. Die Arbeit am Boden ist Voraussetzung für solch gelungene Lektionen wie links mit Damon Hill.

»Hengste müssen Partner sein, dann geben sie alles.«

Der Trakehnerhengst Pinot war Ingrid Klimkes erstes Pferd. Um ihn hat sie hart gekämpft und von ihm hat sie viel gelernt. Obwohl sie Pinot bereits eine Saison geritten hatte und der Hengst in ihrem Stall stand, wollte Ingrids Vater, Dr. Reiner Klimke, Pinot zunächst nicht kaufen. Schließlich setzte sie sich durch und erreichte 23-jährig mit Pinot 1991 in Schweden ihren ersten internationalen Erfolg, die Bronzemedaille bei der Europameisterschaft der ländlichen Reiter. Mit ihrem ersten Hengst verband Ingrid Klimke eine ganz besondere Beziehung. Sie war von seiner Persönlichkeit fasziniert, von seiner Treue und seiner Bereitschaft, alles zu geben. »Pinot war schlau. Er konnte lange alleine stehen, wartete, bis ich wieder da war. Ich hatte sehr viel Freude mit ihm und eine Menge Glück, denn er war wenig dominant und hat auf mich aufgepasst.« Von Pinot lernte sie auch, dass erhöhter Druck bei Hengsten meist nicht zum Erfolg führt, denn seine Leistungen wurden bei Druck schlechter. Das hat sich Ingrid Klimke gemerkt und die Erfahrung in die Ausbildung junger Pferde konsequent einfließen lassen. Ausbildung ist dabei nicht nur das Reiten oder die Bodenarbeit. Für Ingrid Klimke gehört auch das Drumherum dazu. Zwar lassen ihr die vielfältigen Aufgaben und Verpflichtungen wenig Zeit, aber sie betont, wie wichtig der Umgang im Stall, das tägliche Miteinander für den Aufbau einer Beziehung ist. Aus der täglichen, nicht immer bewussten Beobachtung der Pferde lernen wir viel über ihre Persönlichkeit und können ihre Verhaltensweisen besser einschätzen. Unter dem Sattel macht sich das später bezahlt. Hengste, deren Leistungsbereitschaft zum überwiegenden Teil von einer funktionierenden Beziehung abhängt, wissen die Nähe zum Menschen besonders zu schätzen. Nähe bedeutet nicht ständigen Körperkontakt. Hengste suchen eine innere Nähe, die ihnen Vertrauen, Sicherheit und Motivation zugleich ist. Rückblickend sagt Ingrid Klimke zu ihren frühen Hengsterfahrungen: »Wie wenig ich damals reiten konnte. Die Hengste haben sich meiner angenommen. Im Nachhinein sieht man, was man denen zu verdanken hat. Wenn nötig, sind sie bereit, die Verantwortung zu übernehmen.« Manchmal kann es allerdings auch mal etwas länger dauern, bis der Funke zwischen Reiter und Pferd überspringt. Klimkes Hengst Windfall ist ein solches Beispiel. Sie bekam ihn vierjährig und Windfall, obschon als Deckhengst eingesetzt, zeigte sich im Training als völlig unmotiviert. Beim Ausreiten in der Gruppe lief er immer in der Spur hinter den anderen her. Nichts störte ihn, nichts reizte ihn. Man konnte ohne Risiko die schwächsten Reiter auf ihn setzen. Kam ein Graben, blieb er stehen und nichts auf der Welt konnte ihn dazu bewegen, weiter zu gehen. »Ich hatte anfangs keinen Draht zu diesem Hengst. Er schien keinen Geist zu haben. Der wollte einfach nicht arbeiten.«

Ingrid Klimke rang sich schließlich dazu durch, ihm ein weiteres Jahr zu geben. Als

Fünfjähriger ist sie dann mit ihm häufig bei Geländeprüfungen ausgeschieden, sobald sich ihm ein Wassergraben in den Weg stellte. Alles Üben schien nicht zu helfen. Mit Mühe und Not qualifizierten sich die beiden fürs Bundeschampionat. Und dort legte sich plötzlich der Schalter um. Die Ohren waren vorne, der Hengst zeigte Spannung und war hochkonzentriert. Er lief eine Traumrunde und wurde mit Ingrid Klimke 1998 Bundeschampion des Deutschen Geländepferdes (sechsjährig). Wie aber ist der plötzliche Wandel zu erklären? Warum wurde aus der Transuse von jetzt auf gleich ein Champion? »Windfall war einfach völlig unterfordert. Das ewige »Klein-Klein« war ihm zu langweilig. Erst als die Sprünge höher wurden, als es eine wirkliche Aufgabe zu bewältigen galt, wachte er auf.« Windfall entwickelte eine starke Persönlichkeit und neigte später sogar zur Übermotivation, entwickelte einen so starken Ehrgeiz, dass es schwierig wurde, ihn in der Startbox zu halten. »Windfall hat mich dazu erzogen, pfiffiger und schneller zu werden, im Gelände bis zur letzten Sekunde an einem Hindernis die Spannung aufrecht zu erhalten. Wir hatten eine intensive Beziehung und der Abschied von ihm, als er nach den Olympischen Spielen von Sydney verkauft wurde, ist mir sehr schwer gefallen.«

Hengste brauchen eine Aufgabe, die sie verstehen und annehmen können. Sie müssen sie als ihr eigenes Anliegen akzeptieren, dann vollbringen sie Unwahrscheinliches. Dumpfer Alltagstrott, wo die einzige Herausforderung darin besteht, die Langeweile zu ertragen, kann aus einem Hengst – je nach Veranlagung – entweder eine Schlafmütze oder ein Pulverfass machen. Aber Vorsicht: Diese Erkenntnis sollte nicht dazu führen, Hengste bei der Arbeit mental zu überfor-

Ingrid Klimke auf dem Hengst Windfall beim Wiesbadener Pfingstturnier 1999. Mit dem Trakehnerhengst unterbrach sie die Siegesserie des Australiers Andrew Hoy.

Von der Transuse zum Bundeschampion. Zu ihrem Hengst Windfall hatte Ingrid Klimke zunächst eine schwierige Beziehung. Er wuchs mit seinen Aufgaben.

Der Hengst Lafayette unter Ingrid Klimke bei der Wiesbadener Dressurprüfung. Bei der Ausbildung kommt es auf jede Kleinigkeit an.

dern. Dann produziert man möglicherweise das gleiche Ergebnis: Der Hengst macht zu. Ingrid Klimke trainiert alle Jungpferde nach den gleichen Prinzipien, egal ob Stute, Wallach oder Hengst. Bei den Feinheiten allerdings stellen sich die Unterschiede ein. Mit einem Hengst arbeitet sie zunächst die für ihn leichten Sachen und macht nicht den Fehler, sich auf seine Schwächen zu konzentrieren. Das gibt Selbstvertrauen. »Ich verstärke das Positive, dann bekommen sie Lust auf mehr. Wenn ich ihnen Sachen abverlange, die sie nicht können, machen sie zu. Hengste muss man bei Laune halten.«

Wird der Druck zu groß, gehen sie auf Gegenwehr. Überzieht man die Lektionen, weil man unbedingt hier und heute einen Erfolg erzielen möchte, erreicht man oft das Gegenteil. Hinter der rauen Schale eines Hengstes verbirgt sich eben ein höchst sensibler, weicher Kern. Zu diesem muss man Zugang erlangen, dann eröffnen sich im Miteinander völlig neue Möglichkeiten.

Der Weg dorthin führt über eine konsequente Erziehung. Ingrid Klimke hat gelernt, dass man bei der Hengsterziehung auf alle Kleinigkeiten achten muss. Die ständige Aufmerksamkeit und Konzentration im Umgang erfordert von allen beteiligten Personen, also nicht nur dem Reiter, absolute Konsequenz. »Man kann nicht erwarten, dass man einem Hengst zweimal etwas durchgehen lässt, und er es dann beim nächsten Mal doch richtig macht. Man muss im Ansatz konsequent bleiben.« Hengste testen eben häufiger, wollen herausfinden, ob sie vielleicht doch eine Chance haben. Deshalb ist es für Ingrid Klimke wichtig, dass alle Bezugspersonen mit dem Hengst die gleiche Sprache sprechen. Sei es beim Führen, wo oft wenige Zentimeter einen entscheidenden Unterschied machen können, sei es beim Satteln oder Aufsteigen, wo das Pferd absolut ruhig stehen muss.

Um zu guten Ergebnissen zu gelangen, kauft Ingrid Klimke ihre Pferde deshalb am liebsten dreijährig. »Ein einmal verdorbenes Pferd, umzutrainieren, ist sehr mühsam. Pferde haben ein super Erinnerungsvermögen. Stellen sich bekannte Situationen ein, fallen sie schnell in alte Verhaltensmuster zurück.« Nimmt man die Ausbildung jedoch selbst in die Hand, wächst eine intensivere Beziehung heran, als es zu einem späteren Zeitpunkt noch der Fall sein kann. Ausnahmen bestätigen die Regel. Aber auch Ingrid Klimke rät davon ab, sich ohne Hengsterfahrung an die Erziehung und Ausbildung zu begeben. Um richtig agieren und reagieren zu können, muss man in der Lage sein, seinen Hengst richtig einzuschätzen. Sitzt ihm gerade der Schalk im Nacken? Ist er überhaupt konzentriert oder gibt es äußere Faktoren, die ihn derart ablenken, dass seine Aufnahmefähigkeit stark vermindert ist? Dabei kann sich Aufgeregtheit zunächst sehr subtil äußern. Kleinigkeiten bei der Bewegung, bei der Haltung oder ein veränderter Blick können zeigen, dass man besser erst mal ein paar Runden mit der Longe arbeiten sollte.

Trotz aller Erfahrung funktioniert es nicht mit allen Hengsten. Manche können oder wollen sich einfach nicht beruhigen, lassen sich von jeder Stute in ihrer Nähe aus der Ruhe bringen und bleiben deshalb immer unkalkulierbar und gefährlich.

Auch Ingrid Klimke hatte schon Hengste, bei denen keine Anstrengung zum Erfolg führte. Einen gab sie sechsjährig wieder ab, nachdem er Hänger und Stall demontiert hatte und nicht mit anderen Pferden gefahrlos stehen konnte. Bei einem anderen war klar, dass er kastriert werden musste, um im Turniersport eine Chance zu haben. Sein starker Trieb stand ihm im Weg. Auch ein Profi kann also trotz aller Erfahrung und aller Möglichkeiten mit einem Hengst an seine Grenzen kommen. Der normale Freizeitreiter ist gut beraten, wenn er weder sich noch seinen Hengst ständig in Überforderungssituationen bringt, aus denen es irgendwann keinen Ausweg mehr gibt. Kommt man mit einem Hengst nicht weiter, ist es besser, professionelle Hilfe zu suchen oder – im Extremfall – das Tier kastrieren zu lassen.

Fast alle Trainer haben ihre bevorzugten Rassen. Bei Ingrid Klimke sind das die Trakehner. »Trakehner sind sehr sensibel, brauchen aber viel Einfühlungsvermögen. Vollblüter sind, im Gegensatz zu Warmblütern, die sich immer bitten lassen und im Denken etwas langsam sind, sehr gelehrig. Am schlimmsten ist ein Warmbluthengst mit viel Phlegma. Bei der Handhabung mache ich da aber keine Unterschiede.« Unterschiede sieht sie dennoch zwischen Stuten, Wallachen und Hengsten, quer durch alle Rassen. Bei Hengsten macht Ingrid Klimke eine ausgeprägte Kompromissbereitschaft aus. Sie seien Kämpfernaturen, immer bemüht, alles zu geben. Das müssen sie auch. Besonders während der Decksaison werden Hengste, die gleichzeitig im Sportbereich eingesetzt werden sollen, bis an ihre Grenzen gebracht. Decken ist auch eine körperliche Belastung, wenn der Hengst richtig im Deckgeschäft eingesetzt ist. Dann reitet Ingrid Klimke ihn lieber mal mehr auf geraden Linien und verzichtet auf versammelte Lektionen. »Nach einer Decksaison sind Hengste anders, müder, nicht mehr so spritzig und motiviert«, findet die erfahrene Ausbilderin. Eine Charakteränderung konnte sie jedoch bisher bei keinem Pferd feststellen. In gewisser Weise »leidet« ein Hengst aber immer unter seinem starken Trieb. Sei es, weil er nicht zum Decken kommt, sei es, weil er bei der Arbeit funktionieren muss und nicht triebgesteuert seinem Reiter das Leben schwer machen soll. Im Alter von drei bis fünf Jahren ist das kaum zu vermeiden. Da wird getestet, da ist ein Hengst trotzig. »Die typischen Flegeljahre,« findet Ingrid Klimke. »Das geht so bis fünf oder sechs. Ist man einmal durch, hat man seine Ruhe.«

Wenn sie aber einen dreijährigen Hengst in einer kleinen Abreitehalle sieht, hält sie sich manchmal die Augen zu. Auch mit einem guten Reiter kann das schnell zu gefährlichen Situationen führen. »Bei manchen Turnieren sehe ich Amateure, die sich von ihrem Hengst durch die Gegend ziehen lassen, und denke: Was ist, wenn die jetzt loslassen? Dann kann es gefährlich werden!« Solche Situationen gilt es unter allen Umständen zu vermeiden, denn wenn ein Hengst in drangvoller Enge in einen unkontrollierten Zustand gerät und sich austobt, dann wird es nur mit viel Glück ohne Verletzungen enden. So ist sich Ingrid Klimke sicher: »Hengste gehören nur in erfahrene Hände. Man muss in der Lage sein, die Hengstsprache zu verstehen! Bei unsicheren, schüchternen und ahnungslosen Menschen wird der Hengst das Kommando übernehmen.«

Mit einem ihrer früheren Hengste hat sie ähnliche Erfahrungen machen müssen. Er ging immer von oben auf die anderen Pferde und so manches Mal flog ein Huf dicht an Ingrid Klimkes Kopf vorbei. Sie probierte alles aus, ritt alleine aus, nur von einem Begleiter gefolgt. Auch das ging nicht.

Immer viel Platz gehabt: Der Hengst Biotop hatte einen schlechten Ruf, seitdem er während einer Siegerehrung in Dortmund ein anderes Pferd getreten hatte. Die Stallgassen mussten leer sein, wenn er kam.

Er blieb einfach stehen, ging nicht und wollte sich auf das andere Pferd stürzen. Mit solchen Pferden kann man keine Experimente machen, mit denen man sich oder andere gefährden würde. Hier muss man ganz weit zurück und mit dem Training fast von neuem beginnen. Gegebenenfalls sollte man einen Profi hinzuziehen, sonst kann sich eine gefährliche Spirale in Gang setzen.

Selbst einem so erfahrenen Profi wie Ingrid Klimkes Vater, Dr. Rainer Klimke, kann ein Pferd außer Kontrolle geraten. Sein letztes Pferd, Biotop, trat während einer Siegerehrung in Dortmund ein anderes Pferd. Seither wurde er nur noch »Biotop, der Verbrecher« genannt. Wo er hinkam, mussten die Stallgassen leer sein. Den Trainingsplatz hatte er immer für sich allein. Der sehr große Trakehner dachte, sein Verhalten sei in Ordnung. Nachdem Ingrid Klimke ihn übernommen hatte, musste sie lange mit ihm arbeiten, zunächst vom Boden aus und später unter dem Sattel, um ihn wieder zu disziplinieren. »Der hatte eine sehr ausgeprägte Persönlichkeit. Er ging, wohin er wollte. Erst langsam hat sich sein Verhalten wieder normalisiert.« Wie alle anderen Profitrainer ist es auch für Ingrid Klimke wichtig, eine Eskalation zu vermeiden. Gewalt erzeugt Gegengewalt. Bei Hengsten müsse man eben schon bei den kleinsten Kleinigkeiten während der Arbeit dagegenhalten, um immer für klare Verhältnisse zu sorgen.

Für das sportliche Training gibt sie klare Anweisungen: »Dass sie schon mal am Sprung vorbeilaufen, ist völlig normal. Dann muss man mit kleinen Schritten arbeiten und dem Pferd immer eine Chance geben. Niemals gehe ich in einen Machtkampf. Den verliert man sowieso. Und beim nächsten Mal erinnert sich der Hengst: Das habe ich schon mal geschafft.« Anstelle des Machtkampfes zieht sie es vor, seine Bewegung zu lenken. Will er rechts vorbei, geht sie mit ihm links herum und versucht es erneut. Seitliches Ausbrechen lässt sie nicht zu. Vor einem Hindernis stehen bleiben, auch mal rückwärts gehen und gucken, das sei alles in Ordnung. Aber umdrehen und flüchten gibt's nicht. »Da bin ich sehr konsequent. Ich nehme mir die Zeit. Ich kann warten. Das müssen sie wissen. Irgendwann geht er doch rüber.« Und dann ist auch eine Belohnung fällig. Ingrid Klimke verhätschelt ihre Pferde nicht, gibt ihnen trotzdem nach erfüllter Auf-

Damon Hill ist Ingrid Klimkes aktueller Turnierhengst. In der Dressur feierte sie mit dem Achtjährigen bereits viele Erfolge.

gabe ein Leckerli und geht oft zu ihren Hengsten in die Box. »Da kraule ich sie. Hengste genießen das. Das ist keine Vermenschlichung. Zuwendung ist sehr wichtig. Sie sollen keine Angst haben.«

Bestimmte Verhaltensweisen muss man einfach einhalten, um mit einem Hengst klarzukommen. Die Vorhand ist eine Tabuzone, da sich junge Hengste dort gegenseitig beißen und man so unerwünschte Verhaltensmuster provoziert. Das Drücken und Wegdrängen an der Schulter gehört in die gleiche Kategorie. Sofort kommt man in Rangordnungskämpfe. Zu jedem Zeitpunkt muss man sich darüber im Klaren sein, dass man mit einem Hengst arbeitet. Nur wenige Hengste mit einer sehr guten Ausbildung können ungerührt an einer Wiese mit rossigen Stuten vorbeigehen. »Die Ausbildung ist bei meinen Hengsten das A und O. Ich mache sehr viel Führtraining. Sonst springen sie dir eines Tages auf den Kopf.«

Beim Verladen kommt es durchaus vor, dass Hengste ihren Helfer nicht akzeptieren. Sie verweigern sich und wissen, dass sie damit durchkommen. »Mich akzeptieren sie. Ich lasse sie nicht rumspielen und unterschätze sie nicht. Sie bekommen eine klare Ansage und ich habe eine klare Linie. Nur so funktioniert es.«

Es hängt eben vom jeweiligen Menschen ab, ob es Probleme gibt oder nicht. Das ist beim Verladen so, beim Pflegen und im sämtlichen Umgang. Manche Menschen provozieren einen Hengst unwissentlich. Aber wenn er sich einmal angegriffen fühlt, geht er unverzüglich auf Abwehr. Wird der Druck zu hoch, hält der Hengst dagegen.

Ingrid Klimke unterhält einen Turnierstall. Da gehen manche Sachen nicht, auch wenn man sie sich vielleicht wünschen würde. Zwar gibt es regelmäßige gemeinsame Ausritte, die Arbeit wird abwechslungsreich gestaltet und alle Pferde kommen auf die Wiese, aber in Herdenstrukturen leben sie nicht. »Bei mir ist es schon außergewöhnlich. Ich lasse die Hengste früh auf die Wiese, wenn es noch ruhig ist, aber nicht zu lange. Wenn ihnen langweilig wird, machen sie Blödsinn.« Leider seien Hengste, so Ingrid Klimke, auch auf Turnieren immer isoliert. Alle machten einen großen Bogen um das vermeintlich gefährliche Tier, keiner stelle sich daneben.

Die Meinungen zu Hengstverhalten sind vorgefertigt und scheinen nahezu unverrückbar. Deshalb ist Ingrid Klimke davon überzeugt, dass im Studium des natürlichen Verhaltens von Pferden noch ein großes Potential schlummert, um die Arbeit mit Hengsten zu verbessern. Auch gibt die Sportreiterin sich offen für andere Reitweisen: »Ich bilde nach der klassischen Reitkunst aus. Aber wir können viel voneinander lernen. Die Westernreiterei zum Beispiel zeigt viele Ansätze, die mir gut gefallen.«

Trotz aller Probleme ist Ingrid Klimke eine überzeugte Hengstreiterin. Der Hengstcharme hat es ihr angetan. »Ich reite am liebsten Hengste. Vorausgesetzt, ich kann langfristig mit ihnen arbeiten. Sie erfordern aber mehr Aufmerksamkeit. Immer! Ein Kämpferherz und eine gute Beziehung sind letztlich wichtiger als das reine Vermögen eines Pferdes.«

Ingrid Klimke kompakt

Auch Ingrid Klimke kommt zu dem Schluss, dass Hengstarbeit Beziehungsarbeit ist. Ohne Vertrauen geht bei einem Hengst fast nichts. In der Ausbildung setzt sie auf die Stärken des Hengstes und achtet sehr genau auf jede Kleinigkeit. Einen hohen Stellenwert nimmt das Führtraining ein. Für Ingrid Klimke ist es klar, dass Hengste nur in erfahrene Hände gehören, die in der Erziehung konsequent sind.

Fredy Knie jr.

Zur Person

Fredy Knie jr. leitet als artistischer Direktor zusammen mit seinem Cousin Franco Knie den Zirkus Knie, auch bekannt als der Schweizer Nationalzirkus. Die Artisten-Dynastie Knie hat ihren Ursprung im Jahr 1784. Fredy Knie jr. steht dem Familienunternehmen in der achten Generation vor.

Wie alle in der Familie begann auch Fredy Knie jr. seine Zirkuskarriere im Alter von vier Jahren. Seinem Vater Fredy Knie sen. nacheifernd, zog es ihn zu den Pferden. Heute gilt er als eine absolute Kapazität unter den besten Pferdetrainern der Welt.

Mit 17 Jahren schenkte ihm sein Vater den ersten eigenen Hengst, den sein Sohn ohne jede fremde Hilfe ausbilden musste. »Parzi« war ein vierjähriger Andalusier, der Fredy Knie jr. 23 Jahre lang begleiten sollte.

Seine Aussage, »Für Pferde tue ich alles!« verdeutlicht, wo er seinen beruflichen Schwerpunkt sieht. Knie ist allerdings in erster Linie Zirkusmensch und erst in zweiter Linie Pferdemensch. Er managt einen der größten Zirkusse Europas mit circa 200 Mitarbeitern und rund 150 Tieren. Da sind die Prioritäten klar verteilt. Seinen 15-Stunden-Tag muss er sorgfältig planen, um täglich pünktlich zur Vorstellung mit seinen Pferden topfit zu sein. Dem hat sich alles unterzuordnen. Nicht wegzudenken aus dem Zirkus und aus den Pferdedressuren sind seine Frau Mary-José Knie und ihre gemeinsame Tochter Géraldine Katharina. Vor kurzem gab sein vierjähriger Enkel Ivan Frédéric Knie sein Manegendebut – mit einer Ponydressur.

Der vierjährige Ivan Frédéric Knie gab vor kurzem sein Manegendebut – natürlich mit einer Ponydressur.

»Gegenseitige Akzeptanz!«

Fredy Knie jr. hat – außer bei Ponys – sein Leben lang nur mit Hengsten gearbeitet. Nicht, dass er keine Stuten mag, aber im Zirkus, in der Manege, unter den Augen des Publikums, sind Eigenschaften gefragt, die er nur beim Hengst findet. »Schon von der Natur aus will sich der Hengst präsentieren. Er will der Beste sein. Er will der Erste sein. Er will der Schönste sein.« Das weiß der erfahrene Zirkusmensch und Pferdetrainer auszunutzen, denn er will bei der Vorstellung den Zuschauern etwas fürs Auge bieten. Etwas Schönes, Erhabenes im rechten Licht in die Manege zu bringen, das ist sein Ziel und dafür braucht er seine Hengste.

»Vielleicht verstehen zehn Prozent unserer Zuschauer – und das wäre viel – etwas von Pferden. Ich will aber auch den anderen etwas bieten.« In der Tat können nur Wenige die harte jahrelange Arbeit hinter den mit scheinbarer Leichtigkeit ausgeführten Dressurübungen erkennen und beurteilen, wie viel Talent, Geschick und Pferdeverstand erforderlich sind, um 12 Junghengste in einer dann plötzlich sehr kleinen Arena unter dem Einfluss von Musik, Licht und Publikum neben- und durcheinander galoppieren zu lassen.

Hengste und Wallache könne man auch mischen, meint Fredy Knie jr, aber für seine Vorführung bleibt er bei Hengsten. 50 Prozent des Charakters gehe mit der Kastration verloren, resümiert Knie. »Es ist dann ein anderes Pferd. Er kann noch hengstig sein. Er kann sich immer noch präsentieren, jedoch er ist ein anderes Pferd. Aber ich bin nicht prinzipiell gegen die Kastration. Ich bin für Hengste!« Knie ist wirklich kein erklärter Gegner der Kastration. Wenn man mit einem Hengst nicht klarkommt, hält er es für gescheiter, ihn kastrieren zu lassen. »Denn Hengste sind sehr sensibel. Wenn er sich schlecht oder unfair behandelt fühlt, kann er böse und aggressiv werden. Das ist dann gefährlich.« Am ehesten könne das bei Araberhengsten passieren. Diese seien extrem feinfühlig und würden eine schlechte Erfahrung so schnell nicht mehr vergessen. Mit Arabern müsse man deshalb ganz besonders vorsichtig umgehen. Portugiesen und Andalusier seien da schon härter im Nehmen. »Ich bin mit der Ausbildung in diesen Ländern nicht einverstanden. Sie ist nicht richtig, nicht mehr zeitgemäß. Sie basiert auf der Grundlage der Unterdrückung des Pferdes. Aber diese Pferde lassen sich natürlich mehr gefallen als Araber. Auch die meisten deutschen Hengste würden gefährlich werden, wenn man spanische Trainingsmethoden auf sie anwendet.«

Die Arbeit mit Hengsten basiert für Fredy Knie jr. auf dem Prinzip der Freiwilligkeit und der gegenseitigen Akzeptanz. Jemanden in etwas hineinzwingen, was er nicht will, kann nach Knies Auffassung nichts Gutes hervorbringen. »Besonders bei Hengsten ist das sehr wichtig! Sie sind sensibler, aufmerksamer. Aber nur, wenn man selbst feinfühlig genug ist, kann das gehen. Sie brauchen Luft und müssen die Freude bei der Arbeit behalten und aus dieser Freude heraus mitmachen.« Bei Knies darf ein Hengst auch mal bei der Arbeit ein wenig spielen, solange er weiß, dass danach wieder der Trainer an der Reihe ist.

Hobbyreiter wollen in erster Linie Freude mit ihrem Pferd haben. Es geht nicht um Höchstleistung, Siege und viel Geld. »Denen kann man erklären und plausibel machen, wie sie mit ihrem Pferd umgehen können, ohne brutal sein zu müssen. Diesen Leuten kann man Orientierung geben. Profis kann man sowieso nicht von ihren Sachen abbringen.« Beim Zirkus Knie werden die Methoden des Natural Horsemanship seit 40 Jahren angewandt, ohne dass darüber viel Aufhebens gemacht wird. Jedes Training in der Früh ist offen fürs Publikum und wird gerne genutzt, um einfach zuzusehen oder sogar Fragen zu stellen. »Ich finde das gut, wenn Fragen gestellt werden. Da hat zum Beispiel jemand ein schwieriges Pferd. Vielleicht gebe ich ihm einen Tipp und er kommt zurück und es hat geholfen oder es hat nicht geholfen. Letztlich helfe ich in jedem Fall damit dem Pferd.«

Und Hilfe können viele Hengste in ihrem tristen Alltag und ihrer Isolation wirklich dringend brauchen. Der Mensch, das darf man nicht vergessen, hat ihnen ihr natürliches Leben genommen: Die Suche nach Futter und Wasser, den Kampf mit Rivalen,

Als Zuschauer macht man es sich nicht immer klar: Es sind lauter Hengste, die da miteinander kooperieren müssen. Beißen und Treten stehen nicht auf dem Programm.

Fredy Knie jr. in seinem Element: Zirkus und Pferde. Beim Training wird die Gruppengröße bis zur endgültigen Anzahl kontinuierlich gesteigert.

die Verteidigung des Territoriums und die täglichen langen Wanderungen. Fredy Knie zieht daraus einen eindeutigen Schluss: »Es ist unsere Pflicht, den Hengst zu beschäftigen. Man muss ihm den Tag so spektakulär und abwechslungsreich wie möglich gestalten. Können wir das nicht, dann sollten wir die Finger von Hengsten lassen.«

Im Zirkus beginnt der Tag für die Hengste um sechs Uhr früh. Dann gibt es Futter und anschließend anderthalb bis zwei Stunden Auslauf im Paddock. Noch am Vormittag steht das Training in der Manege auf dem Programm, bevor später die erste Vorstellung losgeht. Ab und an gibt es einen Ausritt. In den Boxen sind die Hengste ruhig. Einerseits sind natürlich immer irgendwelche Menschen in den Boxengängen unterwegs, Pfleger kümmern sich um das eine oder andere Pferd, Besucher stecken ihre Nasen durch die Boxengitter. Am wichtigsten ist aber, dass die Hengste Kontakt untereinander halten können. Sie können sich beschnuppern und vor allem den ganzen Stall übersehen. Wären die Boxen oben geschlossen, würden die Hengste beginnen zu steigen, zu klettern und völlig verrückt werden. Sie müssen immer in der Lage sein, zu sehen, was um sie herum passiert.

Regelmäßig werden auch die jungen Pferde zur Arbeit aus den Boxen geholt. Eine neue Gruppe Araberhengste, erst vor kurzem eingetroffen, hat ein sehr geringes Durchschnittsalter. Die Jüngsten sind zwei Jahre.

Auch mit ihnen arbeitet Fredy Knie bereits. Zwar steht die Gewöhnung an Paddock, Weide, Halfter und an die Longe im Mittelpunkt, aber auch die Jungen müssen darüber hinaus trainieren. »Hengste wollen was tun. Ich kann nicht sagen: Wenn du drei bist, fangen wir dann mal an, solange wartest du im Stall. Ich arbeite mit ihnen, aber anders, als wenn ich richtig mit der Ausbildung anfange.«

Fredy Knie hat die Gruppe Araber bei zwei Züchtern in Deutschland und in den Niederlanden gekauft. Die Züchter stellen ihm Gruppen zusammen, und er sucht die geeigneten Kandidaten daraus aus. Araberhengste kauft er immer aus dem Herdenverband heraus. Sie hatten vorher keinen intensiven Kontakt mit Menschen. Andalusier hingegen kann man so jungfräulich kaum erhalten. Oft sind sie angeritten und Fredy Knie jr. hat damit schlechte Erfahrungen gemacht. »Sie kommen hierher und wir haben die doppelte Arbeit, weil sie häufig nicht gut behandelt wurden.« So erging es ihnen auch mit dem Andalusier seiner Tochter, Géraldine Katharina. »Er hat uns sehr gut gefallen, hatte ein sympathisches Wesen, war aber völlig verrückt. Im Nu war er in Schweiß gebadet, immer aufgeregt. Wir haben ihn zwei Jahre lang nur beruhigt. Heute hat er zu uns Vertrauen gewonnen.«

Fredy Knie jr. lässt sich und seinen Hengsten viel Zeit. Zuerst kommt das ABC an der Longe, wo alle Gangarten geübt werden, wo das Rückwärtsgehen immer und immer wieder praktiziert wird, wo Cavaletti übersprungen werden müssen. Diese Phase dient natürlich auch zum Aufbau der Muskulatur und der Gewöhnung an die Arbeit mit mehreren Hengsten gleichzeitig. Knie steigert die Anzahl kontinuierlich, bis sie im Training auf die erforderliche Gruppenstärke kommen. Im Laufe dieses Prozesses entscheidet sich irgendwann, ob der Hengst ein Schulpferd, also geritten wird, oder ob es ein so genanntes Freiheitspferd wird, das in der Gruppe läuft. Die Entscheidung macht Knie von den Fähigkeiten und den Vorlieben des Hengstes abhängig.

Pferde seien zu verschieden, um sagen zu können, man müsse in dieser und jener Phase mit dem Hengst dieses und jenes üben. »Klar brauchen die alle ihre Grundausbildung, wobei sich auch da bereits jedes Pferd verschieden anstellt. Man muss sich Zeit nehmen, um individuell auf sie eingehen zu können.« Auch für das sehr schwierige Alter zwischen drei und sechs Jahren, in dem sich der Hengst festigt, will Knie keine allgemeinen Aussagen machen. Zu unterschiedlich seien die Tiere. Manchen spüre man den Hengst kaum an, anderen müsse man sich intensiver zuwenden. »Sie dürfen sich ja zeigen, auch mal ein wenig steigen. Aber dann müssen sie wieder was Vernünftiges machen. Eine Gruppe Hengste ist wie eine Schulklasse.«

In einer Gruppe ist immer einer dabei, der dominanter ist als andere. Auf die Gruppenzusammenstellung – ob mehr oder weniger hengstig – legt Knie deshalb nicht so viel Wert. »Wenn wir arbeiten, bin ich der Erste!« Dabei wird er nie grob zu seinen Pferden. Er weiß, dass die Hengste ihm das heimzahlen würden. Auch unterdrückt und unterschätzt er sie nicht. Niemals, so Knie, dürfe man sich der Illusion hingeben, sein Hengst sei völlig harmlos und dabei denken: »Der tut nichts!« Das gehe immer schief. Viele Hengste fangen mit leichtem Zwicken an. Das sind »normale« Hengstmanieren. Fredy Knie ist der Meinung, dass man dann nicht jedes Mal aufbrausen und den Hengst rüde zurechtweisen müsse. »Aber er muss natürlich lernen, dass er nicht zwicken darf. Wenn er das verstanden hat, ist der Respekt schon da.« Um die Bindung zu stärken, könne man auch mit dem Hengst spielen, ihn hier und da kontrolliert ein wenig seine Grenzen überschreiten lassen, damit er seine Lebensfreude behalte. Für solche Übungen muss man jedoch ebenso erfahren wie feinfühlig sein.

Jeden Morgen zum Trainingsbeginn ist diese Feinfühligkeit aufs Neue gefragt. Jeden Morgen muss die Befindlichkeit der einzelnen Hengste und der Gruppe austariert werden. Ziel und Ergebnis sind jedoch immer dasselbe: Die Vorstellung muss über die Bühne!

Jeden Tag muss die Balance neu gefunden werden. Die Tagesform entscheidet. Dazu braucht man Geduld und die Fähigkeit der Mäßigung. Ohne Geduld, so Knie, solle man die Hände von Hengsten lassen. Und überhaupt glaubt er, dass Reiten und das Training von Hengsten eine Charaktersache sei. »Ein guter Reiter mit einem schlechten Charakter ist nicht unbedingt ein guter Reiter. Er macht keine Kompromisse, lässt dem Tier keine Luft und keine Wahl.«

Friesenhengste, Araberhengste und Zebras, das ist eine anspruchsvolle Mischung. Marie-José Knie kann damit umgehen.

Manchmal allerdings hat man auch keine Wahl. Ein angreifender aggressiver Hengst stellt eine echte Bedrohung dar, die wenig Handlungsalternativen und sicher keinen Raum für Experimente zulässt.

»Wenn ein Hengst mich angreift, muss ich zunächst sehen, dass er vor mir stehen bleibt. Dann muss er rückwärts gehen. Das ist die beste Strafe. Ein Hengst, der rückwärts geht, unterwirft sich.« Aber es dürfe kein unruhiges, aggressives Rückwärtsgehen sein. Der Hengst müsse sich ganz ruhig und gelassen rückwärts richten lassen. Diese Voraussetzung kann man nur schaffen, wenn man diese Übung vorher an der Longe immer und immer wieder praktiziert hat. Nur so lassen sich gefährliche Situationen beherrschen, die sich im Alltag leider nie ganz vermeiden lassen.

Auch im Zirkus Knie gab und gibt es gefährliche Momente und manchmal sogar Unfälle. Fredy Knie jr. erinnert sich an eine Gruppe jugoslawischer Lipizzaner, die sein Vater gekauft hatte. »Die waren meschugge als sie ankamen, hatten wahrscheinlich bei Bauern in Jugoslawien gestanden und konnten dort nie richtig Fohlen sein. Sie standen einfach da und warteten auf das, was kommt. Da waren einige sehr aggressive Hengste bei.«

Jeder kennt seinen Platz. Bis zum fehlerlosen Wechsel zwischen Schwarz und Weiß vergehen viele Trainingsstunden.

Sich in eine solche Stellung zu begeben, bedeutet für einen Hengst, sich auszuliefern. Er braucht viel Vertrauen in sich und seine Umgebung, um das Kunststück in der Manege vorführen zu können.

Einer, der nach viel Arbeit und Training bei Fredy Knie jr. ruhig und lieb geworden war, konnte von keinem anderen beherrscht werden. »Jedem sprang er ins Genick. Er ließ Pfleger nicht mehr aus der Box heraus. Ich habe das nie verstanden, war nie grob mit ihm gewesen.«

Um den Hengst zu kontrollieren, musste er mit langen Stangen auf Distanz gehalten werden. Trotzdem kam noch ein rabenschwarzer Tag, an dem der Hengst drei Mitarbeiter des Zirkus ins Hospital beförderte. »Das war dann zu viel. Wir haben ihn kastrieren lassen. Es wurde besser, aber der Charakter ist komisch geblieben. Immerhin hat er keine Leute mehr verletzt.«

Generell lässt sich das Risiko beim Hengst bereits dadurch minimieren, dass er korrekt geführt wird. Besonders beim Hengst sei dies ausschlaggebend, betont Fredy Knie jr. Kommt man zu weit nach vorne, läuft man Gefahr, »besprungen« zu werden. Fällt man hinter die Schulter zurück, verliert man seine Position.

»Man darf auch nicht zu viel mit ihm spielen und ihn nicht dauernd knabbern lassen. Ein wenig ja, es muss nicht böse gemeint sein, aber man muss schon sehr dabei aufpassen.«

Hufschmiede, die in der Regel bei der Arbeit nur wenig Spaß verstehen und sich nicht lange mit den Marotten der Pferde aufhalten können, finden im Zirkus Knie ideale Arbeitsvoraussetzungen vor. Die Hengste stehen ruhig, geben willig die Hufe und machen dem Hufschmied das Leben nicht schwer. »Es gab nur einen Hengst, der wollte partout seine Hufe nur dem Pfleger geben. Hatte der frei, konnte er nicht beschlagen werden. Nun gut, solche Marotten muss man einfach akzeptieren.« Wichtig für die Tiere sei vielmehr, dass man nicht dauernd den Schmied wechsle. Beim Stehen auf drei Beinen machen sich Pferde extrem verletzlich, da sie nicht direkt fliehen können. Folglich setzt das ein großes Vertrauen in die handelnden Menschen und die Situation voraus. Es ist also mehr als nachvollziehbar, wenn Fredy Knie jr. sagt: »Es ist gut, immer denselben Hufschmied zu haben.«

Eine Gelassenheitsprüfung würden die Hengste im Zirkus Knie mit Bravour bestehen. Wer durch solche beleuchtete Reifen laufen kann, den erschreckt so schnell nichts.

Wenn er gehen wollte, würde er gehen. Der Palomino-Hengst bleibt und folgt den Anweisungen von Marie-José Knie, weil er ihr vertraut.

Bei aller Liebe zur Freiheit und zum gelegentlichen Experiment steht bei der Frage der Haltung im Zirkus Knie die Vorsicht an erster Stelle. Die Araber-, Friesen-, Andalusier-, Portugiesen- und Lipizzaner-Hengste haben ihren eigenen Paddock, der mit einem Doppelzaun zum Nachbarn abgesichert ist. So können sie ohne Gefahr Kontakt zueinander aufnehmen. Und dies ist immer gewährleistet. Fredy Knie jr. weiß um die Wichtigkeit sozialer Kontakte, deshalb kommt ein Hengst nie als Einziger in seinen Paddock. Immer gibt es einen anderen Hengst, mit dem man auch über den Zaun hinweg spielen kann. Um keinen Preis jedoch würde Fredy Knie jr. seine Hengste auf einer Weide zusammenbringen. »Das gibt Verletzungen! Sobald ein Hengst geschlechtsreif ist, fangen die Kämpfe an. Vor allem bei Pferden, die hoch im Blut stehen.« Deshalb ist Knie auch den Freilaufställen gegenüber eher skeptisch. Eine Statistik der Schweizer Tierspitäler sage aus, dass die meisten Verletzungen aus der Haltung in Freilaufställen resultiere. Knie räumt allerdings ein, dass es eine Frage der Zusammenstellung der Herde ist. »Ich kenne auch Leute, die lassen einen Hengst und einen Wallach zusammen laufen. Das geht gut, solange keine Stute dabei ist. Es gehen auch Hengste und Stuten. Der deckt sie dann halt, wenn sie rossig sind.«

Dass man bei der Gruppenzusammenstellung sehr einfühlsam sein und die Situation ständig im Auge halten muss, zeigt ein Beispiel aus dem Bekanntenkreis Fredy Knies. Dort hatte man einen Hengst in eine Hengstherde gegeben. Zuerst ging alles gut. Mit der Zeit nahm das Pferd aber immer mehr ab. »Der war zum Schluss schon sehr mager. Die anderen haben ihn komplett weggedrückt. Es ist halt nicht so einfach. Man muss genau aufpassen und die Situation ständig im Auge behalten.«

Einfach hingegen scheint im Zirkus Knie die Frage des Deckens gehandhabt zu werden. Die von vielen prognostizierte Charakteränderung beim Hengst, nachdem er einmal gedeckt habe, konnte Fredy Knie jr. noch nicht feststellen. »Wenn sie in die Herde oder in ihre gewohnte Umgebung zurückkommen, ist das alles vorbei. Manchmal geht einer unserer Ponyhengste nach Rapperswil (dort ist die Basis des Zirkus Knie und der Kinderzoo.) zum Decken. Wenn er wiederkommt, ist er am gleichen Tag hier im Zirkus beim Kinderponyreiten problemlos einsetzbar.« Auch der Hengst seiner Tochter Géraldine Katharina zeigte nach einem einjährigen Deckaufenthalt auf einem Gestüt in Portugal keine Verhaltensänderung, ging zivilisiert an Stuten vorbei und war ganz der Alte. Vorsicht ist jedoch die Mutter der Porzellankiste: Im Zirkus gibt es keine Stuten. Zu groß wäre die Gefahr von Rangeleien oder von Unkonzentriertheit während der Vorführung.

Bei Turnieren kann manch ein Hengstbesitzer ein Lied davon singen. Im Training geht der Hengst perfekt, alles deutet auf einen erfolgreichen Turnierverlauf hin. Plötzlich wird er unkonzentriert. Er macht seine Arbeit, absolviert seine Übungen, aber nicht mehr mit 100-prozentiger Präzision wie noch während des letzten Trainings im heimischen Stall. Irgendwo ist eine rossige Stute in der Nähe. Dieses Beispiel ist beliebig übertragbar auf andere Situationen wie: gemeinsame Ausritte, Begegnungen mit fremden Pferden, eine Stute kommt in den Stall …

Die Naivität, mit der so manche Pferdebesitzer die Hengstproblematik einfach ausblenden, kann schon beängstigend sein. Auch Fredy Knie jr. sieht das so: »Da geht irgendeine Frau nach Spanien in Urlaub und ist ganz begeistert davon, wie stolz der Spanier den Hengst vorgeritten hat. Sie kommt dann mit dem Hengst in die Schweiz, stellt ihn in einen Stall ein, in dem noch Stuten und Wallache sind. Ist doch klar. Der Hengst muss ja nicht böse sein, aber bei ihm wird der Hormonhaushalt aktiviert und alles geht ein wenig drunter und drüber. Dann bekommt sie Angst, das Theater ist da und es geht nicht mehr.«

In den meisten europäischen Ländern haben nur wenige Menschen die Möglichkeit, ihre Pferde auf ausgedehnten Ländereien in der Herde leben zu lassen. Die Mehrzahl der

Steigen ist Teil des Spiels der Pferde untereinander. Für einen Menschen kann es gefährlich sein, wenn man die Technik und den Hengst nicht beherrscht. Der Achal-Tekkiner und Fredy Knie jr. scheinen sich zu verstehen.

Tiere ist mit einer kleinen Wiese, etwas Pferdegesellschaft und einem Paddock schon ganz froh. Hegt jemand den Wunsch, einen Hengst zu halten, muss er sich diese und noch viele andere Fragen stellen und ernsthaft beantworten. Auch der Zirkus Knie wird ständig mit Fragen solcher Art konfrontiert: Kann ich einen Hengst halten? Brauche ich einen eigenen Stall? Wo soll er stehen? In der Schweiz oder in Deutschland schlägt dem Hengstbesitzer nicht selten eine unverhohlene Skepsis entgegen, wenn er für sein Pferd eine Box mieten will. Ein Hengst im Stall, vor allem, wenn bereits einer da ist, verheißt

Probleme. »Dann geht der Kreislauf los. Der Hengst wird isoliert und von einer Ecke in die andere geschoben. Einen Hengst zu haben ist wunderschön, aber man muss es können und das entsprechende Umfeld haben, sonst entscheidet man sich besser für eine Stute oder einen Wallach.«

Doch die Menschen sind fasziniert von Hengsten. Die Herausforderung ist größer als bei Stuten und Wallachen. Dabei können Stuten durchaus noch feiner sein, als ein Hengst. Und auch einem Wallach kann man alles beibringen. Innige Beziehungen sind zu jedem Pferd möglich. Aber irgendetwas ist anders – und dieses Andere findet man eben nur beim Hengst.

So ging es auch Fredy Knie jr. als er, wie bereits erwähnt, seinen ersten eigenen Hengst von seinem Vater bekam. Er bildete ihn selbst vollständig aus und ritt die ganze Hohe Schule ohne Sattel und Trense. Parzi lief ihm überall hinterher. »Die Verbindung war sehr groß. Es war etwas ganz Spezielles. Leider lebt er schon lange nicht mehr.«

Knie ist mit seinen Pferden absolut konsequent, legt aber Wert auf die Differenzierung zwischen den Begriffen »Konsequenz« und »Dominanz«. »Dominanz und Konsequenz sind zwei sehr unterschiedliche Dinge. Natürlich muss man konsequent sein, aber man muss nicht unbedingt immer dominant sein.« Dann scheinen sich auch leichter Situationen vermeiden zu lassen, in denen von Hengsten immerwährend Leistungen verlangt werden, die sie einfach nicht erbringen können. Die individuellen Fähigkeiten eines Pferdes müsse man einschätzen lernen und einfach akzeptieren. Nicht jedes Pferd müsse perfekt piaffieren können. »Wenn es einem Pferd nicht liegt, wird es nicht gut werden. Die Arbeit muss beiden Spaß machen. Wenn ich merke, dass ein Hengst bei der Arbeit keinen Spaß hat, dann suche ich für ihn eine andere Richtung.«

Fredy Knie sen. hielt seinen Sohn für zu sensibel. Wenn man ihn aber bei der Arbeit beobachtet und wenn man seine Erfahrung und seine vielen Erfolge würdigt, dann kann man zu dem Schluss gelangen, dass eben genau diese hohe Sensibilität ein Garant für die Erfolge war. Sensibel also kann und soll man als Hengsthalter durchaus sein, aber eines, das hat Fredy Knie jr. ganz klar, darf man sicher nicht sein: »Labile Menschen sollten keinen Hengst halten. Oder solche, die die Tiere vermenschlichen. Das geht schon gar nicht!«

Fredy Knie jr.
kompakt

Die Grundsäulen von Fredy Knies Arbeit mit Hengsten sind die Freiwilligkeit und die gegenseitige Akzeptanz. Wichtig ist dem Zirkusdirektor auch, seinen Hengsten die Lebensfreude zu erhalten. Er ist davon überzeugt, dass Lernen in einer positiven Atmosphäre für die Hengste leichter ist. Im Umgang pflegt er absolute Konsequenz, ist aber kein Freund von unbedingter Dominanz.

Peter Kreinberg

Zur Person

Obwohl bereits auf dem elterlichen Hof im Sauerland ständig in Kontakt mit Pferden, ergriff Peter Kreinberg zunächst einen sehr »soliden« Beruf. Er wurde Bankkaufmann. Erst 1980 wechselte er professionell in den Pferdebereich und wurde Trainer mit dem Schwerpunkt »Western Horsemanship«. Bis 1990 nahm er aktiv und sehr erfolgreich an Westernreitturnieren teil, widmete sich aber auch bald dem Schreiben und brachte 1986 mit dem »Handbuch für das Westernreiten, Bd.1«, sein erstes Buch auf den Markt. Mit seiner Frau Edith Schreiber-Kreinberg betrieb er lange den Western-Zucht- und Trainingsstall »Goting-Cliff«, zunächst auf der Insel Föhr, später in Wagendorf/Niedersachsen.

Peter Kreinberg hat mehr als 1500 Jungpferde angeritten und ausgebildet, darunter gut 500 Hengste. In seiner Arbeit lässt er sich von den altkalifornischen Vaquero-Traditionen lenken und entwickelte aus seiner jahrzehntelangen Erfahrung die »Gentle-Touch-Methode«, die seit 2006 auch von lizenzierten Trainern angeboten wird. Peter Kreinberg kann man als Pionier und Individualist bezeichnen, der sich nie in irgendwelche Schubladen hat schieben lassen. Er erkannte schon früh, dass das starre Regelwerk der Deutschen Reiterlichen Vereinigung den Bedürfnissen einer Vielzahl von Freizeitreitern nicht mehr entsprach. Ebenso wandte er sich später von der organisierten Westernreiterei ab, weil er auch dort Tendenzen sah, die den Bedürfnissen von Pferden und Reitern nicht gerecht wurden.

Kreinberg gibt viele Kurse in Deutschland und anderen europäischen Ländern und ist nach wie vor als Autor von Büchern und Lehrvideos sehr erfolgreich. Heute verbringt er einen großen Teil des Jahres auf seinem Hof in der Dordogne in Frankreich.

Zwischen dem Araberhengst Moonwalker und Peter Kreinberg bestand eine besonders enge Beziehung. Moonwalker war »die Ruhe in Person«.

»Das Sinngebende in der Arbeit ist das Entscheidende.«

Wer mit Peter Kreinberg über Pferde reden möchte, muss sich Zeit nehmen, denn einer der erfahrensten und bekanntesten »Western-Horsemanship«-Trainer Deutschlands hat nach mehr als 25 Jahren professioneller Pferdearbeit viel mitzuteilen und ist ein talentierter Erzähler.

Unter all den vielen Hengsten in seinem Leben gab es zwölf, zu denen sich eine enge Beziehung aufgebaut hat. Die wichtigsten, die im Gespräch immer wieder auftauchen, sind El Paso, Moonwalker und Cause of it all. Mit seinen Hengsten hat Kreinberg gearbeitet. Sie waren nicht nur »Showpüppchen«, wie er es nennt, sondern kannten ihren Job, waren vertraute Partner, auf die man sich verlassen kann. Und dafür gibt es jede Menge Beispiele. Es sind Geschichten, die man gerne mit seinem Pferd selbst erleben würde. Es sind gemeinsam durchstandene Situationen, die zusammenschweißen und die beweisen, dass Hengste mehr sind, als nur Reitpferde. Eine solche Geschichte ereignete sich anlässlich einer Araberschau in Baden-Baden auf dem Rennbahngelände vor der großen Tribüne. Mitorganisator war Peter Baumann, der seine Ausbildung im Landesgestüt Marbach durchlaufen hatte.

»Na denn schau mal, dass du wegkommst!« Peter Kreinberg mit Moonwalker beim Cutting der besonderen Art.

Während der Vorbesprechungen für die Schaubilder berichtete er unter anderem davon, dass es Tradition in Marbach sei, die Lehrlinge nach bestandener Abschlussprüfung auf dem Platz zu versammeln. Die Bereiter überreichten sodann die Preise, gratulierten und zogen dabei den Frischlingen schnell das Kopfstück vom Pferd und lösten eine Gurtschnalle. Das Chaos war in aller Regel perfekt. Baumann zog Peter Kreinberg immer wieder damit auf, dass so etwas einen Cowboy ja wohl nicht erschüttern könne. Als der dann am folgenden Tage nach einer gelungenen Vorführung mit seiner Tochter selbst auf dem Platz vor vollbesetzter Tribüne stand, kam Peter Baumann zu den beiden und überreichte Tochter Svea einen Blumenstrauß, Peter Kreinberg drückte er eine Bananenstaude in die Hand. Dabei zog er dem Hengst das Kopfstück runter. Baumann entfernte sich schnell vom Tatort und Kreinberg verfolgte ihn auf seinem Hengst Moonwalker – ohne Kopfstück! Baumann begann zu laufen und Kreinbergs Hengst vollführte mit ihm ein gelungenes Cutting. »Jetzt sieh mal zu, dass du wegkommst«, hat er ihm wohl noch zugerufen. Die Zuschauer applaudierten und dachten, sie sähen eine geplante Showeinlage. »So etwas macht man nur mit einem Hengst. Die kennen ihren Job, sind im Spiel drin. Auf die kann man sich in solchen Situationen verlassen«, erklärt Peter Kreinberg die Situation. Es hat etwas mit der ausgeprägten Beziehungsfähigkeit von Hengsten zu tun, mit der angeborenen starken Außenorientierung. Beim Training steht man vor der Herausforderung, diese starke Persönlichkeit unter Kontrolle zu bekommen und dabei zu erhalten, das Potential in die richtigen Bahnen zu lenken und aus ihm

Ein Bild von einem Pferd: Kreinbergs Hengst Cause of it all beim Roping.

Moonwalker und Cause of it all als Handpferd. Auch hier ist deutlich zu erkennen, wie wenig Druck Peter Kreinberg ausübt. Zügel und Führseil hängen durch.

einen willigen Partner zu machen, der genauso viel Freude an den Dingen hat, wie man selbst. »Das ist die eigentliche Herausforderung. Sonst hat man nachher keinen Hengst mehr – und dann braucht man auch keinen«, ist Kreinbergs eindeutiger Standpunkt. Das, was er zur Aufzucht und zum Training von Hengsten sagt, könnte sich ebenso gut in einer Broschüre zur pädagogischen Zielsetzung bei der Arbeit mit Jungendlichen wieder finden: »Es gilt, seine Persönlichkeit zu erkennen, zu stabilisieren und zu fördern. Dabei soll ihm die erforderliche Disziplin vermittelt werden, die er benötigt, um die Sozialbeziehungen zu akzeptieren, in denen er seinen Platz hat. Das Wichtigste aber ist, seine Entscheidungsfähigkeit zu respektieren und zu stärken.«

Heißt das nun, dass man immer wieder mit seinem Hengst alles neu verhandeln muss? In gewissem Sinne ja! Hengste sind nicht bequem. Sie haben Freude an der Aktivität, wenn man sie motivieren kann, wenn sie den Sinn erkennen. »Das Sinngebende in der Arbeit ist das Entscheidende«, legt sich Kreinberg fest. »Sie tun Dinge aus einem Grund heraus. Das muss man ihnen ermöglichen. Wenn man dann noch auf einer positiven Plattform die Hierarchie geklärt hat und diese Gradwanderung durchhält, kann man mit einem Hengst eine sehr gute Beziehung haben.« Ein weiterer wichtiger Aspekt für einen Hengst und seinen Halter sei die Frage des Respekts. Hengste sollte man eine andere Art Respekt zollen, wie das bei Stuten oder Wallachen der Fall ist. Sie stellen in den ersten drei bis vier Jahren der Ausbildung immer wieder die Verhältnisse in Frage. Damit muss man leben, wenn man einen Hengst aufziehen und trainieren will. Es dauert lange und ist mühevoll, bis nicht mehr diskutiert wird. Schafft man es aber, hat man die nächsten 15 bis 20 Jahre Ruhe. Der Ausbildungsprozess ist dabei mit ständigen Risiken behaftet. Findet man nicht das rechte Maß, ist im falschen Moment zu tolerant oder zu streng, unterdrückt und schränkt ein, wo man besser Gelassenheit zeigen sollte, dann kann man schnell einen anderen wunden Punkt des Hengstes berühren: »Hengste haben ein ausgeprägtes Gefühl dafür, was wir Gerechtigkeit nennen. Man kann einem Hengst schon mal ziemlich an die Wäsche gehen, wenn er sich respektiert fühlt und auf der mentalen Ebene die Dinge geklärt sind. Ein Hengst hat ein ziemlich dickes Fell, aber er muss die Reaktion als im System angemessen erkennen können.«

Voraussetzung dafür ist natürlich, dass er in einem klaren funktionierenden System gelernt hat, was die unverrückbaren Regeln sind. Man muss klare Punkte setzen, aber mit Rückschlägen umgehen können. Dazu braucht man Selbstvertrauen und die Vision eines vielleicht am Anfang noch fernen Ziels. »Die besten »Hengstleute« sind die, die sich selbst nichts mehr beweisen müssen, die in sich ruhen und über den Dingen stehen.« Aber zu einer guten Beziehung, ebenso wie zu einer schlechten, gehören immer zwei.

Der Hengst sollte vor Beginn seiner Ausbildung, die bei Kreinberg im Alter von zwei bis zweieinhalb Jahren beginnt, am besten in einem festen Herdensystem, einem intakten sozialen Verband, gelebt haben. Mit der nötigen inneren Festigkeit und klaren Vorstellungen, die man dem Hengst in Ruhe verdeutlicht, ist es dann viel einfacher, mit einem Junghengst zu arbeiten. Sie akzeptieren beim Menschen schnell, was sie bereits aus der Herde kennen. Ab und an fragen sie schon mal nach, testen. Das wird aber nie wirklich substantiell – und wenn doch, ist es vom Menschen provoziert. Hat man keine oder wenig Erfahrung, so Kreinbergs eindeutiger Rat, sollte man tunlichst alles vermeiden, was auf eine eskalierende Auseinandersetzung hinauslaufen könnte. Denn Hengste verallgemeinern nicht. Bei der kleinsten Änderung im Bezugssystem können sie plötzlich völlig anders reagieren, als vorhergesehen. Sie positionieren jeden einzelnen Menschen in ihrer Umgebung nach seiner Persönlichkeit. Was sie für den einen tun, tun sie noch lange nicht für den anderen, und was sie bei dem einen respektieren, würden sie bei dem anderen nicht mal in Erwägung ziehen. Peter Kreinbergs Erfahrung zeigt, dass 80 bis 90 Prozent der möglichen Reibungspunkte sich deutlich reduzieren lassen, wenn man nach Beginn des Trainings, also im Alter von zwei bis drei Jahren, regelmäßig und kontinuierlich mit ihnen arbeitet und ihnen sinnvolle Aufgaben stellt. »Grundsätzliche Auseinandersetzungen finden dann in aller Regel nicht mehr statt.«

Macht man keine groben Fehler und hat einen Hengst, der nicht bereits schlechte Erfahrungen mit Menschen gemacht hat, dann kann eigentlich nur noch der einsetzende Sexualtrieb das Miteinander stören. Peter Kreinberg empfiehlt dringend, einen Junghengst zunächst ein bis zwei Jahre auszubilden, bevor man ihn zum ersten Mal decken lässt. Zwar ändere er sich als Reitpferd nicht unbedingt, aber er sei dann stärker von Hormonen gesteuert. Dem ist nur durch eine gute Erziehung und Ausbildung beizukommen. Auf Kreinbergs Hof haben die Hengste auch während ihrer Ausbildung gedeckt. Aber sie kannten ihre Rechte und Pflichten. Beim Decken wurden klare, sich immer wiederholende Rituale eingehalten. So gab es für jeden Deckhengst ein bestimmtes Deckhalfter. Nur wenn er dieses trug, ging es zur Stute. Umgekehrt blieb er beim Kontakt mit Stuten ruhig, wenn er dieses Halfter nicht trug. Decken verändert den Hengst. Aber wenn sie, wie im Herdenverband, wo die Junghengste eine gewisse Distanz zu den Stuten nicht unterschreiten dürfen, das Regelwerk verinnerlicht und akzeptiert haben, muss es zu keinen Problemen kommen. Beim Training kann es sich jedoch negativ auswirken. »Das ist so, als wenn man einen Schüler allein in eine Klasse ans Fenster setzt und alle anderen spielen draußen sein Lieblingsspiel. Er sieht aus dem Fenster zu und soll sich dabei konzentrieren. Das geht nicht. Da baut sich zu viel Spannung auf.«

Für ein erfolgreiches Training braucht man ein lockeres, muskulär entspanntes, gelöstes Pferd. Selbst auf die einfachen Dinge, mit denen auch Peter Kreinberg sein Training beginnt – vorwärts, rückwärts, links, rechts, Schritt, Trab, Galopp – bedürfen der Konzentration und physischer und mentaler Gelöstheit. Die sich im Training anschließende Gymnastizierung mit schwierigeren Übungen setzt das erst recht voraus.

Man darf sich auch nicht der Illusion hingeben, ein auf dem häuslichen Platz in gewohnter Umgebung einwandfrei arbeitender Hengst würde sich in fremder Umgebung genauso verhalten. Selbst wenn er auf der Weide mit anderen Stuten steht und die ihn nur bedingt interessieren, heißt das nicht, dass er bei fremden Stuten an anderer Stelle ebenso teilnahmslos bleibt. Eigentlich muss man vom Gegenteil ausgehen. Peter Kreinberg erklärt, warum das so ist: »Ein Hengst muss sich produzieren, auch wenn da erstmal gar nichts Besonderes ist. Die fremde Umgebung reicht schon aus. Finden sich dann auch noch Stuten und Wallache ein, will er sich sofort in Szene setzen. Den Wallachen gegenüber kann es dann auch schon mal zu aggressivem Verhalten kommen. Der Hengst mag zu Hause ein Lämmchen sein, aber in der Fremde erkennt man ihn nicht wieder. Erscheint vielleicht zusätzlich ein fremder Hengst, dann heißt es für Halter oder Reiter auf der Hut zu sein. Wie aus dem Nichts kann es zu Attacken kommen, bei denen die Kontrolle schnell mal verloren geht.«

Grundsätzlich gilt, dass, je natürlicher ein Hengst aufgewachsen ist, desto einfacher ist auch die Handhabung in schwierigen Situationen. Aber trotzdem empfiehlt Kreinberg, schon den Junghengst früh aus dem heimischen Umfeld zu nehmen und ihn daran zu gewöhnen, dass die häuslichen Regeln auch woanders gelten. Versäumt man diese Lektionen, kann das böse Folgen haben.

Man sollte nicht mit Hengsten einfach rausgehen, um zu zeigen, was er zu Hause alles gelernt hat. So etwas muss man langsam angehen. Erst einmal im Hänger mit einem zweiten Pferd, das er kennt und ihn dann Stück für Stück an andere Pferde gewöhnen. Ein Dutzend Mal muss die Übung laut Peter Kreinberg am besten wiederholt werden, egal ob man zu Wanderritten, zu Wettbewerben oder Showveranstaltungen fährt. Dabei geht es nicht so sehr darum, ihm etwas zu verbieten. Er muss lernen: Auch draußen gibt es Regeln. Wir haben hier eine Aufgabe zu erfüllen. Wichtig dabei ist, die zu Hause gelernten Abläufe und Rituale beizubehalten. Damit erlangt man die Aufmerksamkeit des Hengstes. Dass er trotzdem nicht immer glatt abgeht, die Erfahrung hat auch Peter Kreinberg mit seinen Pferden machen müssen. Viele verstehen das nicht und mokieren

Sliding Stop, ohne Kopfstück und gemütlich wie in einem Sessel zeigen Peter Kreinberg und sein Hengst Cause of it all, was zwischen Mensch und Hengst alles möglich ist.

Auch Moonwalker beherrschte den Sliding Stop ohne Kopfstück. Kommunikation funktioniert auch ohne Druck.

sich über die schlechten Manieren des Hengstes. Kreinberg ist das egal: »Dann ist man eben mal nicht der Top-Ausbilder. Man muss dem Pferd diese Chancen geben.« Aber alles in Maßen. Solche Ausflüge mit einem Hengst sind natürlich kein Freibrief für rücksichtsloses Verhalten anderen gegenüber, so wie es Peter Kreinberg auf der Insel Föhr vor vielen Jahren passiert ist. Er war mit einer Gruppe Reitern im Watt unterwegs. Weit und breit gab es keine Wege und keine Hindernisse. Plötzlich tauchte in der Ferne ein Reiter auf. Bereits aus etwa 150 Metern brüllte er: »Vorsicht! Hengst! Alle weg!« »Der hat tatsächlich erwartet, dass im Watt alle anderen Rücksicht auf ihn nehmen. Aber er hatte das Pferd nicht unter Kontrolle!« Da ist ein anderer Weg empfehlenswerter.

Peter Kreinberg spricht, wenn er mit einem jungen Hengst arbeitet, zuverlässige Bekannte an und fragt, ob man mal etwas zusammen machen könne. Baut er sich dann in der Gruppe mal auf, steigt vielleicht sogar, dann vergrößert man wieder den Abstand und alles ist in Ordnung. Voraussetzung sind natürlich erfahrene Reiter, die nicht in Panik geraten und ihre Pferde unter Kontrolle haben. Bei solchen gemeinsamen Ausritten lernt der junge Hengst sehr viel und sie sind die Basis für viele spätere Trainingseinheiten. Kreinberg legt Wert auf möglichst gemischte Gruppen mit Stuten und Wallachen. Er geht dann mal vor, mal dahinter, mal daneben. Man muss ein richtiges Programm dafür erarbeiten und sich in kleinen Schritten vorarbeiten. »Ein Hengst denkt ständig. Er muss

Selbst Cutting funktioniert ohne Gebiss. Pferd und Reiter sind konzentriert, aber nicht verkrampft. Cause kennt seinen Job.

alles in Relation zu sich setzen und fragt sich: Wo ist meine Position? Was muss ich jetzt tun? Man darf sich nicht aufregen, frustriert sein oder gar resignieren, wenn der Hengst dann mal am ersten oder zweiten Tag die Wildsau rauslässt. Es ist nur eine Frage der Zeit, bis er gelernt hat. Mit alten Hengsten ist das alles dann sowieso viel einfacher.« Es hilft aber der beste eigene Wille nicht, wenn missgünstige Mitmenschen einem das Leben schwer machen. So ist es einer Bekannten Kreinbergs ergangen, die auf einem bedeutenden Reining-Turnier ihren von Peter Kreinberg trainierten Junghengst vorstellen wollte – das einzige Pferd, das er jemals für jemand anders auf eine Futurity-Prüfung vorbereitet hat. Kreinberg hatte der Amateurreiterin empfohlen, auf dem Abreitplatz nur die Grundübungen zu absolvieren und keine Slides oder Spins zu machen. »Der Hengst war ein Sohn von »Cause of it All«. Er hatte genügend Potential und war sehr leistungsbereit. Die Manöver fielen ihm leicht. Ich hatte ihr empfohlen, einen 68ger oder 70ger Ritt anzuvisieren, damit konnte man damals problemlos in die Top Ten gelangen und das war unser Ziel. Langsam, aber dafür akkurat. Die meisten Reiter versuchen, auf dem Abreitplatz schon dutzendweise 75ger Manöver und 15-Meter-Sliding-Stops hinzulegen. Dabei verbrauchen sie das Potential und das Vertrauen ihrer Pferde und in der Prüfung fliegt ihnen dann alles um die Ohren. Meine Bekannte ritt sehr reduziert ab. Einige der Mitbewerberinnen fanden diese Strategie irritierend und witterten starke Konkurrenz.

Sie stellten ihrem Hengst eine rossige Stute neben die Box. Auch auf dem Abreitplatz sorgten sie dafür, dass immer eine Stute vor seiner Nase herumwedelte. So was hält der stärkste Junghengst auf die Dauer nicht aus. Ich hab ihr dann empfohlen, sie solle aufs Außengelände zum Abreiten gehen, ihrem Pferd vertrauen und in der Prüfung konzentriert reiten. So etwas und vieles anderes gibt es leider auch in der Pferdeszene. Das hat mit Fairness nichts zu tun.«

Sollte es beim Kontakt mit anderen Pferden wirklich eskalieren, dann ist man nach Kreinbergs Meinung einfach zu früh rausgegangen und hat keine solide Vorarbeit geleistet. In der Situation selbst kann man nichts mehr machen. Deeskalation muss die Parole sein, um zu retten, was zu retten ist. Die Arbeit findet zu Hause statt. Dort müssen Rituale etabliert werden, auf die man in schwierigen Situationen zurückgreifen kann. Dabei muss es möglicherweise auch etwas körperlicher werden. Eine freundschaftliche aber deutliche Zurechtweisung mit Mitteln, die der Hengst kennt und keine weiteren Aggressionen hervorruft, kann ihm schnell wieder die Grenzen aufzeigen. Solche Rituale werden gleichermaßen bei der Bodenarbeit und unter dem Sattel eingeübt. Am Boden ist das A und O, das Pferd dazu zu erziehen, sich zu entspannen und den Kopf auf Widerristhöhe abzusenken. Peter Kreinberg arbeitet dabei in der Vorbereitungsphase unter Umständen mit einer Führkette als Reizverstärker. Hat der Hengst ohne Ablenkung von außen gelernt, den Kopf zu senken, so wird dieses Verhalten auch in der Nähe von Stuten geübt und gefestigt. Er kann sich in dieser Haltung nicht so leicht aufbauen. Das ergibt eine physisch-psychisch Wechselwirkung. Die Haltung mit gesenktem Kopf schränkt das Sichtfeld ein und die Oberhalsmuskulatur kann sich nicht zusammenziehen, um sich aufzubauen. Hat er das verinnerlicht, gelernt, dass er so weniger Stress und Reibungspunkte hat, akzeptiert er auch in schwierigen Situationen diese Haltung und reagiert entsprechend. Peter Kreinberg erklärt, das sei wie beim Militär. »Dort muss man auf dem Platz die »Hab-Acht-Stellung« einnehmen, mit dem Blick geradeaus und den Händen an der Hosennaht.«

Ein anderes Mittel ist, die Bewegung umzuleiten, statt sie zu unterdrücken. Einen aufgeregten Hengst zum Stillstehen zu bewegen ist fast unmöglich und kontraproduktiv. »Besser ist es, ihn auf engem Raum zu bewegen, ihn zu beugen und dadurch eine Auflösung der Ganzkörperspannung zu erreichen. Das gilt sowohl für die Arbeit an der Hand als auch unter dem Sattel.«

Unter dem Sattel empfiehlt Kreinberg die »Schulterherein-Übung«. Keinesfalls soll man den Hengst bei drohender Eskalation unterdrücken, bremsen oder blockieren. Das führt nur zu noch mehr Aggression. Und wenn er erst einmal richtig wütend ist, hat man schlechte Karten.

Eine weitere, eigentlich vorbeugende Übung ist es, mit dem Hengst das Hinlegen zu trainieren. »Man schwitzt dabei, das Pferd vielleicht auch, aber es ist halb so schlimm, wenn man pferdegerechte Techniken anwendet«, erinnert sich Peter Kreinberg, der seit etwa zehn Jahren auf dieses Mittel bei Quarter-Horses nicht mehr zurückgreift. Sein Hengst Machaon hat das Hinlegen aber noch mit ihm durchexerzieren müssen. Machaon war auf der Rennbahn gelaufen und hatte die Jockeys dort reihenweise abgeworfen. Er galt als absoluter Macho und präsentierte sich genau so. Mit ihm ist Kreinberg mehrmals auf eine Veranstaltung gefahren und hat ihn mitten unter vielen anderen Pferden auf dem Abreitplatz abliegen lassen. Das sei eine sehr einschneidende Erfahrung für einen Hengst, resümiert Kreinberg. »Er ist wirklich ausgeliefert. Aber wenn nichts passiert, erwächst daraus ein neues, ein anderes Selbstvertrauen. Es ist nicht bloße Unterordnung. Er lernt, dass er sich nicht aufzuregen braucht, selbst wenn er liegt. Machaon hat sich danach völlig verändert.«

Wie sehr er sich verändert hatte, sollte ein Vorfall zeigen, der sich einige Zeit später auf Kreinbergs Hof ereignete. El Paso, der zweite Deckhengst, hatte sich am frühen Morgen aus seinem Paddock befreit. In unmittelbarer Nachbarschaft zu Machaon kam auch dieser aus seiner Ecke, der Zaun brach und die beiden lieferten sich einen Kampf. »Die hatten sich richtig in der Wolle. Ich habe Machaon nur angeraunzt und sofort hat er aufgehört. Das will schon was heißen. Ich konnte ihn aus einem Hengstkampf abrufen! Ich arbeitete zu dieser Zeit sehr intensiv mit ihm. Ob es sonst so einfach gewesen wäre, weiß ich nicht. Und ob es ein zweites Mal geklappt hätte, weiß ich auch nicht.« Zwischen Peter Kreinberg und seinem Hengst war eine starke Beziehung gewachsen, die es ihm er-

Vor, nach oder bei der Arbeit? Peter Kreinberg mit Cause of it all.

möglichte, nur mit Hilfe seiner Stimme einen Hengstkampf zu beenden. Das wird im Normalfall nicht möglich sein, zeigt aber, was alles zu erreichen ist, wenn wir intensiv mit einem Hengst arbeiten, die Beziehungsebene geklärt ist und Vertrauen wachsen konnte.

Quarter-Horses brauchen in aller Regel keine so intensiven Trainingsmethoden wie das Hinlegen. Bei ihnen hat man die Chance, aus einer breiten Palette von Blutlinien wählen zu können, ohne dass man sich zu sehr mit extremem Hengstverhalten auseinander setzen müsste. Es gibt auch Ausnahmen, aber für gewöhnlich besticht der Quarter-Horse-Hengst durch seine Ruhe und Gelassenheit. »Die sind klar in der Birne«, wie Jean-Claude Dysli es zu beschreiben pflegt. Peter Kreinberg beobachtet allerdings, dass die Quarter-Horse-Nachzüchtungen, die nicht mehr in Herdenverbänden aufgewachsen sind, viele der so beliebten Rasseeigenschaften vermissen lassen. Auf manchen Betrieben separiert man die Tiere sehr früh und das Ergebnis sind verhaltensgestörte, zum Teil sogar risikoreiche Hengste. »Man braucht schon absolute Routiniers auf den Höfen, um das dann zu kaschieren. Das geht nur mit brachialer Gewalt«, beklagt Kreinberg solche Praktiken.

Die am wenigsten aggressiven Hengste hat Kreinberg unter den Arabern ausgemacht. Zwar produzieren sie sich und sind laut, sehen auf den ersten Blick hengstiger aus, sind aber leichter zu handhaben. Bei ihnen geht es nicht so sehr um das Prinzip Kraft gegen Kraft. Sie sind mit feineren Mitteln zu beeinflussen. Viele Besitzer von Araberhengsten, so glaubt Kreinberg, wären mit Hengsten anderer Rassen in ernsthafte Probleme geraten. »Wenn es nachher um Präzision, Gelassenheit, Loslassen und Rittigkeit geht, dann haben wir bei Arabern häufig ein Verspannungsproblem. Aber das ist kein Problem des Wesens, das ist eine Frage der Ausbildung.«

Bei iberischen Hengsten hebt Peter Kreinberg ein wenig warnend den Finger. Er hat viele Leute mit wenig Erfahrung erlebt, die es chic fanden, einen Ibererhengst zu haben. In ihrem Heimatland sind sie einer strikten Disziplin unterworfen und haben wenig Spielraum. »Dann kommen sie hierher, werden aus dem Korsett entlassen und die Besitzer fangen an, an den verschiedenen Knöpfchen zu spielen. Das kann extreme Verhaltensprobleme nach sich ziehen. Sie haben plötzlich mehr Freiheit und werden nicht selten reiterlich unkontrollierbar.«

Die Unterschiede zwischen den Rassen beruhen – neben den genetischen Gegebenheiten – laut Kreinberg auf den Faktoren Haltung, Fütterung und Züchtung. Schon auf den ersten Blick kann man die Verschiedenheiten zwischen einem filigranen Araber und einem Vollbluthengst ausmachen, der mit seiner ganzen Masse auf die Vorwärtsbewegung gezüchtet wurde. Doch auch mit diesen Rassen lässt sich mit entsprechenden Programmen eine kraftfreie Erziehung durchführen. »Eine nicht kraftorientierte Kommunikation ist der Schlüssel! Ich arbeite jetzt seit ein paar Jahren mit Hannoveranern. Sie sind nicht so gelassen wie Quarter-Horses, aber es sind charakterlich sehr saubere Pferde. Man kann sie ohne weiteres kraftfrei erziehen.« Quarter-Horses unterscheiden sich bereits durch ein anderes Muskelsystem von Warmblütern. Ihr Körper ist auf die Horizontale ausgerichtet. Das ergibt eine Tendenz zur Entspannung. Warmblüter hingegen werden in die Spannung hineingezüchtet. Für die Dressur beispielsweise möchte man eine »losgelassene Spannung« mit viel Vorwärtsschwung. »Dabei wird Energie aufgebaut und die muss sich irgendwo entladen. Wenn Spannung und Entspannung nicht im Gleichgewicht sind, ist das Pferd mehr in der Spannung. Das kann man bei Grand-Prix-Veranstaltungen genau beobachten. Hätte man andere Programme, würden die Pferde auch anders aussehen.«

Völlig unabhängig von der Rasse findet man bei jungen Pferden gehäuft verschiedene Unarten vor, die immer in verfehlter Erziehung ihren Ursprung haben. Besonders vor der Fütterung aus der Hand kann ein erfahrener Trainer wie Peter Kreinberg nicht oft genug warnen. »Ich bekomme oft junge Pferde für drei bis sechs Monate zur Ausbildung. Sie sind noch unausgebildet, aber haben oft schon durch den Umgang Verhaltensweisen erworben, die lästig oder zum Teil sogar risikobehaftet sind. Sie sind respektlos, stoßen mit dem Maul oder nippeln und zupfen. Sie haben eine Erwartungshaltung entwickelt, die in Suchtverhalten enden kann. Da geht viel schief! Bei Hengsten kann das fatale Folgen haben.« Fütterung aus der Hand sollte, wenn überhaupt, nur zweckorientiert erfolgen, so dass der Hengst Ursache und Wirkung einwandfrei miteinander verknüpfen kann. »Wir finden viele Pferde mit dieser Unart. Sie sind eigentlich harmlos. Sie knabbern und zupfen zunächst ohne jede Aggression. Und dann ist irgendwann der Finger ab oder man muss eine Brust amputieren. Aus einer Nachlässigkeit, aus einer Gedankenlosigkeit heraus wird so im Frühstadium etwas kreiert, das schlimmste Auswirkungen haben kann und nur sehr schwer zu korrigieren ist.«

Profis gehen mit den nicht zu vermeidenden Versuchen der Fohlen sehr eindeutig um. Zwei oder drei mal ein stumpfer Stoß, dann wissen sie meist, was geht und was nicht. Der eindeutigen Reaktion folgt dann wieder eine freundliche Zuwendung. So funktioniert Lernen. Auch Hengstfohlen auf den Hinterbeinen finden manche Besitzer toll. Sie vergessen dabei, dass sie sich am Boden in einer hilflosen Position befinden. Hat der Hengst das einmal gemerkt, wird er das Verhalten funktionalisieren und immer wieder einsetzen. Steigen sollte man keinesfalls fördern. Ist er aber einmal oben, kann man nur warten, bis er wieder unten ist. Am Strick oder an den Zügeln zu reißen ist völlig zwecklos. Entweder er bleibt noch länger oben oder er überschlägt sich. Alles, was nach oben geht, motiviert ihn, oben zu bleiben. Mehr Druck erzeugt sofort höheren Gegendruck. »Man kann nichts anderes tun, als zu warten. Ist er dann unten, bringt man am besten eine Vorwärtsbewegung rein, idealerweise eine Biegung. Er kann nur steigen, wenn sich auf beiden Seiten die Muskulatur gleich zusammenzieht.«

Früher ist Kreinberg mit unerwünschtem Pferdeverhalten anders umgegangen. Wie so viele wollte er durch energische Einwirkungen jetzt und sofort eine Verhaltensänderung erzwingen. Aber das brachte ihm langfristig keine guten Resultate. Wenn eine Situation einmal aus dem Ruder läuft, kann man meist nichts mehr ändern. Die Erfahrung lehrte ihn, dass die Kunst darin besteht, in einer solchen Situation möglichst wenig zu tun. »Im Kopf muss man sehr schnell sein, mit dem Körper ganz langsam. Kommt er wieder runter, ist nichts passiert. Wenn er oben ist und man versucht, ihn zu manipulieren, merkt er vielleicht, dass er da oben im Vorteil ist.« Kreinberg führt Hengste aus diesem Grund an einem längeren Leitseil. Damit kann man ihn im Notfall oben lassen und selbst zurücktreten.

Das schwer zu Vermittelnde ist, dass es bei der Arbeit mit Hengsten prinzipiell kaum Unterschiede zu Wallache und Stuten gibt und trotzdem alles anders ist. Beginnt man das Training mit einem Junghengst, dann baut sich der Lernerfolg relativ schnell auf. Er kooperiert sehr gut und man neigt zur Euphorie. Vier bis sechs Wochen geht alles gut und eines Tages läuft alles daneben und man ist wieder am Anfang. Dadurch darf man sich nicht entmutigen lassen. Vielmehr gilt es jetzt, sich Zeit zu nehmen und gelassen zu bleiben. Bei der Arbeit mit Hengsten muss man erfindungsreicher sein als beim Training von Stuten oder Wallachen. Die Arbeit, so Kreinberg, sei intellektuell anspruchsvoller, da ein Hengst ständig mit dem Kopf arbeite. Man müsse ihm vielfältige und abwechslungsreiche Aufgaben stellen, Ideen und Ziele vermitteln. Andererseits gelte es, sich physisch zurückzunehmen. Hengste provozieren körperliche Präsenz. Dem muss man innerlich entgegenwirken, sonst bekommt er, was er haben will: Den Kampf. Und dabei ist der Mensch immer der Verlierer. Das hat mit Bösartigkeit nichts zu tun. Hengste suchen die Auseinandersetzung und sammeln die Erfahrungen für den entscheidenden Kampf, den sie in der Herde gewöhnlich im Alter von sechs bis sieben Jahren führen müssen. »Ich habe bis heute fast 500 Hengste als Reitpferde geschult. Darunter waren nur zwei wirklich aggressive Tiere. Und bei beiden lag die Schuld beim Menschen.« Einer davon, Taktik, ein aus Russland importierter, älterer Vollblutaraber, der dort erfolgreich auf der Rennbahn gelaufen war, hat etliche Menschen attackiert. Darunter auch Mitarbeiter seiner späteren Frau Edith, bevor er nach jahrelanger Arbeit wieder problemlos zu handhaben war. Der Hengst zeigte besonders Männern gegenüber aggressives Verhalten. Longierte man ihn, so ging zunächst alles gut. Dann ging er ohne Vorwarnung zum Angriff über. Ein besonders energischer Mitarbeiter wurde sogar in die Brust gebissen. Als Reitpferd hingegen, so berichtet Edith Schrei-

Auch im Wasser bleibt der Hengst völlig entspannt und vertraut sich seinem Reiter an.

Das Ziel fest im Blick. Kreinberg und Cause of it all wenden sich beim Cutting in die gleiche Richtung. Die Bewegungen sind eine Einheit.

ber-Kreinberg, war er völlig unkompliziert. Als Peter Kreinberg auf den Hof kam, begann er aufs Neue, mit Taktik zu arbeiten. »Ich sagte mir ganz bewusst vor: Ich will nichts von dir. Ich will nur in dieser Box stehen und wir schauen mal, was du mir zu sagen hast. Dieses bewusste Vorsagen ist besser, als zu glauben, wir würden nichts denken, weil wir ja doch immer etwas denken. Und sei es nur aus einer Routine heraus.« Durch diese Bewusstheit änderte sich Kreinbergs Körperausstrahlung. Der Hengst veränderte seinen Gesichtsausdruck. Die Augen wurden anders und die Arbeit konnte beginnen. Peter Kreinberg fragte sich: »Wie kann ich mich nähern? Mit welchem Tempo? Wo ist seine Belastungsschwelle?« »Man muss sehr aufmerksam sein. Er warnte nur kurz und ging dann sofort zum Angriff über. Ich musste auf jede Bewegung achten, die er vielleicht falsch interpretieren konnte. Lange habe ich ihm nie den Rücken zugedreht.« Schließlich kam der Tag, an dem er Vertrauen fasste.

Am Beispiel von Taktik erklärt Kreinberg die Eskalationsskala bei Hengsten. »Zunächst verteidigt er, legt etwa die Ohren an, ändert die Körperhaltung und den Blick. Werden diese Signale nicht verstanden, schreitet er zur aktiven Verteidigung. Dabei setzt er seinen Körper ein. Das kann schon gefährlich werden. Erst in der letzten Phase sprechen wir von Aggression und Angriff. Selbst durch eine Vorwärtsbewegung in meine Richtung zeigte er nur: Lass mich in Ruhe. Hätte er zu mir hingewollt, hätte er das tun können. Zwischen Abwehr und Attacke gibt es feine aber wichtige Unterschiede.«

Die Gründe für attackierendes Verhalten sind immer die Gleichen. Entweder wurde das Pferd misshandelt oder es wurden ihm bereits als Fohlen heftige Grenzüberschreitungen erlaubt. Manchmal bedingt das Eine das Andere. Für die Aufzucht eines Hengstes sollte man in jedem Fall eine Menge Erfahrung mitbringen. Die jungen Tiere sind lernbegierig, äußerst sensibel und voller Lebenskraft. Das kann eine explosive Mischung ergeben.

Junghengste bieten dem Trainer in der ersten Phase ihrer Ausbildung sehr viel an. Das kann leicht zu einer mentalen Überforderung führen. Auch wenn die Versuchung groß ist, die Übungseinheiten sollten in dieser Zeit besser klein bleiben. Wenig ist hier mehr.

Peter Kreinberg ist der Meinung, dass man für die Arbeit mit Hengsten am besten bereit ist, wenn man bereits die ersten grauen Haare hat. Dann hat man vermutlich auch gelernt, dass Kämpfe nur Rückschritte bedeuten. Besonders bei Männern hat er das beobachtet. Der Zusammenhang ist klar. Männer sind, ebenso wie Hengste, genetisch auf Auseinandersetzung programmiert. Auch sie müssen sich im Kampf beweisen, suchen die Konfrontation mit dem Hengst und verschleißen sich schließlich aneinander. Ob es Unterschiede in der Beziehung zwischen Männern und Frauen zu Hengsten gibt, kann Peter Kreinberg nicht verbindlich bestätigen. »Dazu fehlt mir der Hintergrund. Aber Frauen haben in ihrer gesamten Präsentation einen anderen Einfluss als Männer. Sie müssen nicht unbedingt beweisen, dass sie den Hengst gefügig machen können. Sie haben eine andere Aura, und der Hengst nimmt das wahr. Frauen sind defensiver und müssen nicht den Boss spielen. Der Umgang ist weniger strikt, dafür erleben Hengsthalterinnen unter Umständen, dass sich ihr Pferd aggressiver gegen Artgenossen verhält, weil ihm halt nicht so deutlich und konsequent Grenzen gesetzt werden. Für die Mehrzahl der Männer sind Hengste eine kampfsportartige Herausforderung. Da hält der Hengst dagegen.« Vielleicht liegt es daran, dass Frauen sich ihrer körperlichen Unterlegenheit bewusster sind und diese Tatsache für sie kein Problem darstellt. Deshalb bringen sie eine andere, auf Harmonie ausgerichtete Grundeinstellung mit. Hengste haben dadurch mehr Spielräume, nutzen sie aber nicht unbedingt, weil sie einem geringeren Druck ausgesetzt sind. Peter Kreinberg sieht das so: »Männer tun sich schwerer damit, eine defensive Einstellung einzunehmen, zu akzeptieren: Das ist ein Tier. Ich habe weniger Kraft, aber mehr Intellekt.« Da ein Hengst von Natur aus wenig innere Ruhe und Geduld mitbringt, muss man ihm Gelegenheiten bieten, diese Eigenschaften aufzubauen. Jeder versteht, dass Kämpfe dazu kaum ein angemessenes Mittel sein können.

Die Gelassenheit eines gut ausgebildeten Quarter-Horses beeindruckt alle Pferdekenner. Man steigt ab und das Pferd steht ruhig. Es bewegt sich auch dann nicht, wenn man sich von ihm entfernt, es sei denn, es bekommt eine entsprechende Aufforderung. In den USA werden solche Eigenschaften systematisch trainiert. Die Hengste werden am Morgen um sieben Uhr gesattelt und dann erst mal stehen gelassen. Sie dösen ruhig vor sich hin, bevor sie anschließend für eine halbe Stunde geritten werden. Danach heißt es wieder: ruhig stehen. Peter Kreinberg hat das alles während seiner USA-Aufenthalte gesehen und bedauert, dass in Europa diese Praxis kaum Anwendung findet. »Sie lernen sehr viel, wenn sie da angebunden stehen. Sie lernen, dass der innere Drang, gegen etwas zu gehen, aktiv zu werden, nichts bringt. Sie lernen, mehr in sich zu ruhen.« Wichtig für solche Übungen sind jedoch Voraussetzungen, die eine Unfallgefahr ausschließen. Ein großer Baum mit einem dicken Ast, an dem von oben ein Seil mit einem Drehgelenk befestigt ist, so dass die Hengste gefahrlos steigen oder buckeln können. Sie müssen sich im Kreis bewegen können, ohne jedoch die Möglichkeit zu haben, fortzukommen. »Einige Stunden täglichen »Meditationstrainings« und nach drei oder vier Tagen haben sie gelernt, dass die andauernde Bewegung keine Vorteile bringt, dass es angenehmer ist, ruhig zu stehen.

Hat man einen agilen Hengst, wird die Lektion vielleicht ein wenig länger und heftiger verlaufen. Ein eher phlegmatisch veranlagtes Tier mag das ruhige Stehen schneller erlernen. Hengste neigen eben immer zum Extrem. Haben wir einen lebhaften, dann ist er sehr lebhaft. Haben wir einen faulen Hengst, dann ist er richtig faul. Ein Phlegma bedeutet häufig einen niedrigen Hormonspiegel. »Das ist nicht gleichbedeutend mit deckfaul. Da kann man Überraschungen erleben. Aber die Faulen finden Bewegung eben anstrengend. Das ist eine Sache der Mentalität. Solche Hengste muss man sensibilisieren. Bodybuilding durch Dauermechanik bringt da gar nichts. Die Impulsion, das kurze reprisenhafte Einwirken hilft besser.«

Aber egal, ob faul oder hyperaktiv, mit einem Hengst ist es unendlich viel mühseliger, klar definierte Leistungsziele zu erreichen. Sie funktionieren einfach nicht wie ein Schweizer Uhrwerk und finden sich deshalb auch bei den sportlichen Disziplinen, die das verlangen, selten dauerhaft an der Spitze. Bei der Dressur wird man kaum je einen Hengst auf den Spitzenplätzen finden. Hengste haben ausgeprägte Nehmerqualitäten und können eine erstaunliche Ausdauer an den Tag legen. In Disziplinen, die viel körperlichen Einsatz verlangen, aber auch beim Showreiten können Hengste schon eher mit ihren natürlichen Fähigkeiten aufwarten. Aber insgesamt braucht der Sportreiter das Hengstpotential nicht. Andere, bei denen der Turniererfolg nicht Ziel der Arbeit ist, denen die intensive Erfahrung, die Beziehung wichtiger ist, tendieren eher zum Hengst. Sie müssen sich jedoch damit abfinden, dass ein Hengst, zumindest in den ersten sechs Jahren, eine ständige Herausforderung ist. Das muss man mögen. Ist der Hengst aber einmal in die Jahre gekommen, hat er also die kritische Phase von sechs bis sieben Jahren hinter sich gebracht, dann kann auch er sehr präzise und absolut verlässlich sein. Mit seinem Araberhengst Moonwalker ist Peter Kreinberg vor Jahren auf der Equitana in Essen bei einem Reining Cup gegen die gesamte Weltelite angetreten. Die Wettkampfvoraussetzungen hätten allemal dabei für ihn und seinen Hengst schlechter nicht sein können. Moonwalker hatte vor dem Wettbewerb bereits an fünf Tagen 15 Auftritte zu absolvieren, in der Nacht vorher setzte ein Regen das Stallzelt unter Wasser und Moonwalker war dabei von mehreren Andalusierhengsten in anderen Boxen umgeben, die ihm keinen Schlaf ließen. Zu allem Übel war der Reiter krank. Trotzdem belegten die beiden den fünften Platz. »So etwas kann man nur mit einem Hengst machen. Da zeigen sich die Nehmerqualitäten.«

Auch eine Kundin Kreinbergs, die erst mit 55 Jahren das Reiten begonnen hatte und dann ausgerechnet einen Hengst kaufte, kann als Beweis für die Verlässlichkeit älterer Hengste gut herhalten. Die Dame und ihr Hengst pflegten ein äußerst harmonisches Miteinander, so Kreinberg. Er nehme Rücksicht auf sie und sei beim Reiten ihre beste Lebensversicherung.

Aber bei all dem hervorragenden Potential eines Hengstes darf man sich nicht von Hoffnungen und Illusionen lenken lassen. Das, was wir als perfekte Harmonie zwischen Reiter und Pferd wahrnehmen, ist das

Im Schnee geht's auch: Mit einem Bosalzaum genießt Peter Kreinberg die volle Aufmerksamkeit seines Hengstes.

Produkt harter Arbeit, jahrelangen Trainings und einer langsam gewachsenen vertrauensvollen Beziehung. Dinge, die Kreinberg beispielsweise mit seinem Hengst »Cause of it All« gemacht hat, sollten für jeden Freizeitreiter ein Tabu bleiben. Quer durch die Equitana etwa ohne Zaum und Halsring zu reiten oder sich mit ähnlich spärlicher Ausrüstung unter vielen anderen Pferden auf dem Abreitplatz zu tummeln, würde auch Peter Kreinberg heute nicht mehr machen. Passiert dabei etwas, würde jeder sagen: »Ohne was im Maul kann man ein Pferd nicht lenken.« Die Schuldfrage wäre damit geklärt. Die Tatsache, dass Kreinberg sein Pferd 100-prozentig unter Kontrolle hatte, wäre nicht von Relevanz. »Wenn ich den großen Zeh anhob, dann hatte das eine Bedeutung für Cause. Es gab nie eine Kommunikationslücke. Wir haben damals jeden Tag miteinander gearbeitet.« Und nur so lässt sich auch Kreinbergs Auftritt bei einer Veranstaltung erklären, der eigentlich nicht durchführbar gewesen ist. Kreinberg sollte mit »Cause of it All« auf einem für Menschen konzipierten Laufsteg, der von beiden Seiten mit Publikum umgeben war, bis zum Ende des Stegs reiten. Dabei herrschte in der Halle keine angespannte Ruhe. Im Gegenteil dröhnten die Lautsprecher und eine Lightshow illuminierte das Geschehen. Auf der Hauptbühne versuchte sich jemand in einem Weltrekord und wurde von seinen Anhängern dabei frenetisch unterstützt. »Wir gingen ruhig bis zum Ende des Laufstegs, wo ich Spins machte und einen kleinen Jungen aus dem Publikum kurz mit aufs Pferd nahm. So etwas hätte ich mit keinem anderen Pferd machen können. Aber mit Cause war über zwölf Jahre etwas Besonderes gewachsen.«

Um solche Früchte zu ernten, muss man zur rechten Zeit mit einer soliden Ausbildung beginnen. Das fängt an bei der Grundprägung nach der Geburt, setzt sich fort über das Führtraining und das Geben der Hufe, und nimmt ein vorläufiges Ende im Alter von etwa drei Jahren, wenn Kreinberg in einer intensiven Trainingsphase sechs bis 12 Wochen täglich mit dem Junghengst arbeitet. Das anschließende Anreiten, so Kreinberg, finde nicht in erster Linie physisch, sondern auf der mentalen Ebene statt. »Sie lernen: Ich werde jetzt ein Reitpferd. Jemand zeigt mir, wo es lang geht, ich werde gelenkt.« Lässt sich diese mentale Bereitschaft nach dem Training später im heimischen Stall vom Besitzer nicht aufrecht erhalten, kommt es also zu eskalierenden Problemen zwischen Halter und Hengst, plädiert Kreinberg für eine Kastration, damit das Pferd wieder Sozialkontakte haben kann und möglichst in eine Herde integriert wird. »Die Erfahrung zeigt, in der Hälfte aller Fälle war zunächst alles in Ordnung. Aber selbst bei dieser Hälfte traten später Probleme auf und die Besitzer entschieden sich nachträglich für eine Kastration. Bis dahin ist dann einiges passiert. Nur etwa ein Viertel der Freizeitreiter schaffen es, langfristig mit einem Reithengst umzugehen. Sie haben die Entscheidung getroffen und müssen mit der Konsequenz leben, dass sie mit ihrem Pferd ein nicht ganz so unkompliziertes Leben führen werden. Ohne Hengsterfahrung braucht man viel Glück, gute Rahmenbedingungen und den richtigen Hengst, damit alles relativ stressfrei verläuft.«

Peter Kreinberg kompakt

Bei der Ausbildung junger Hengste ist es Peter Kreinberg wichtig, ihre Persönlichkeit zu fördern und ihre Entscheidungsfähigkeit zu respektieren. Stumpfes Abrichten von Pferden lehnt er ab. Hengste brauchen nach seiner Meinung etwas Sinngebendes in der Arbeit, sie müssen den Grund für die an sie gestellte Anforderung verstehen. Gibt es Probleme, setzt Kreinberg auf Deeskalation. Seine Arbeit basiert auf einer »nicht kraftorientierten Kommunikation«. Peter Kreinberg entwickelte und lehrt die »Gentle-Touch-Methode«.

Frederic Pignon und Magali Delgado

Zu den Personen

Sowohl Magali Delgado als auch Frederic Pignon stammen aus Reiterfamilien. Magali ritt bereits im Alter von zehn Jahren in der Showgruppe ihrer Eltern auf ihrem kleinen schwarzen Pony Chiquito. Im weiteren Verlauf ihrer Ausbildung konzentrierte sie sich auf die Dressur und wurde unter anderem von Reitmeistern wie José Ataide und Carlos Pinto in Portugal ausgebildet. Mit 18 legte sie ihre staatliche Prüfung zur Reitlehrerin ab.

Frederic lernte das Reiten zunächst auf einem Schafsbock, bevor er zehnjährig sein erstes Pony bekam. Er war oft den ganzen Tag ohne Sattel in den nahen Bergen unterwegs. Nachdem er sich eine kurze Zeit dem Studium der Künste gewidmet hatte, beschloss er, ein professioneller Reiter zu werden und wurde als Schüler bei Georges Branche, dem französischen Meister der Trickreiterei angenommen, wo er Pferdeakrobatik und Stuntreiten lernte. Nach zwei Jahren bekam er eine Anstellung in einem Reitstall in Apt, wo zur gleichen Zeit Magali arbeitete. Bereits wenige Monate später eröffneten sie ihren ersten eigenen Reitstall und waren bald mit einer kleinen Show in Frankreich unterwegs. Nachdem Pierre Lapouge, der Produzent des »Passion d'Avignon equestrian spectacle«, ihre Show gesehen hatte, brach ihre internationale Karriere an. Mit »Cheval Passion« tourten sie durch ganz Europa. Drei Jahre später stießen sie auf Einladung des berühmten spanischen Reiters Don Manuel Vidrié zu einer großen Pferdeshow, die zwei Jahre lang im karibischen Santo Domingo aufgeführt wurde.

Im Mai 2003 heirateten sie und flogen im gleichen Monat mit 15 Pferden nach Kanada, wo sie gemeinsam mit dem Gründer des Cirque du Soleil, Normand Latourelle, die auch heute noch auf Tour befindliche Show »Cavalia« konzipierten. In Montreal begeisterten sie bei minus 40 Grad 70000 Menschen in sechs Wochen und auch in den USA und in Europa wurde die Show enthusiastisch gefeiert. Die von Frederic Pignon gezeigte Freiheitsdressur stellt alles bisher da Gewesene in den Schatten.

Frederic mit seinem Fohlen Frimousse. Eine deutliche Steigerung gegenüber dem Schafbock, auf dem er das Reiten lernte.

Bei der kleinen Magali drehte sich alles um Pferde. Bereits mit zehn Jahren trat sie in der Showgruppe ihrer Eltern auf.

»Wenn wir die Balance mit ihnen finden, wird alles andere leicht.«

Kommunikation ist der Schlüssel zu Frederics und Magalis Erfolg. Ihre Arbeit mit den Pferden auf der Bühne scheint schwerelos. Alles sieht nicht nur so aus, wie ein großes Spiel, es ist ein großes Spiel. Allerdings eines, dem jahrelange harte und konzentrierte Arbeit vorausgegangen ist. Ein Spiel, getragen von dem unbändigen Wunsch, die Pferde immer besser zu verstehen und die Kommunikation immer weiter zu verfeinern. Und Frederic arbeitet ausschließlich mit Hengsten, weil sie, wie er sagt, ihn mehr fordern.

Nun könnte man schließen, dass zwei solch erfolgreiche Hengstexperten den meisten anderen den Rat geben würden, lieber keinen Hengst zu halten. Überraschenderweise jedoch ist Frederic der Meinung, dass man das »Abenteuer Hengst« ruhig eingehen sollte: »Probleme muss man lösen. Gibt es keine Probleme, gibt es auch keine Entwicklung.« Auch auf den Einwand, dass man vielleicht doch besser mit einer Stute oder einem Wallach beginnen sollte, bleibt er bei seiner Meinung. Es hänge natürlich vom Hengst ab, von der Erfahrung des Reiters und der Art und Weise, wie man mit ihm arbeiten wolle. Aber viele Menschen hätten als erstes Pferd einen Hengst gekauft, und alles habe prima geklappt. Man brauche natürlich Hilfe von außen. Aber wenn man gut organisiert sei, sehe er keine größeren Probleme. Letztlich hänge alles von der Persönlichkeit ab – wie bei der Erziehung von schwierigen Kindern. Man müsse beherzigen, dass Aggression Gegenaggression erzeugt.

Von Frederic und Magali kann man viel lernen, wenn man genau zuhört und beobachtet. Dabei stehen ihre Methoden und ihre Art, mit Hengsten zu arbeiten, oft im krassen Gegensatz zur klassischen Schulmeinung. Während fast jeder Experte vor zu viel Nähe und Körperkontakt mit Hengsten warnt, suchen die beiden regelrecht danach, haben aber immer das Bedürfnis der Pferde im Auge. »Manche wollen es auch nicht. Sie mögen es nicht, angefasst zu werden. Das muss man respektieren. Wir stehen auch nicht den ganzen Tag im Stall und streicheln die Pferde.« Es sei letztlich nichts anderes, als die Fellpflege in der Herde, argumentiert Frederic. Es sei aber unmöglich, für alle Hengste eine gültige Regel zu verfassen. »Es gibt so viele Wege, mit ihnen umzugehen. Manche Pferde fasse ich nicht an. Mein Hengst Templado zum Beispiel mag es überhaupt nicht. Wenn er doch mal gestreichelt werden will, lässt er mich das wissen. Sein Bruder hingegen ist das genaue Gegenteil.«

Magalis Hengst Bandolero legt gerne seinen Kopf auf ihre Schulter und nickt auch schon mal dabei ein. Er zeigt ihr, wann und wo er berührt werden will. Und wenn es genug ist, zeigt er es auch. »Man braucht nicht unbedingt seine Stimme, um mit ihnen zu kommunizieren«, erklärt Magali. »Sie zeigen dir sehr deutlich, was sie wollen. Und wir können es verstehen, wenn wir sie genau beobachten.« Hengste sind sehr viel genauer als Stuten und Wallache. Bei ihnen kann eine falsche Interpretation gefährliche Folgen haben. Mit Hengsten arbeiten heißt: Jeden Tag Neues lernen. Gute Trainer sind sehr aufmerksam, beobachten auch kleinste Regungen, um ihre Hengste besser zu verstehen. Trotzdem kommt man immer wieder an seine Grenzen. Für jemanden wie Frederic, der täglich mit seinen Hengsten trainieren muss, um abends in der Show auf den Punkt genau Leistung abrufen zu können, wurde das besonders deutlich. Er hatte Angst, durch die ständige Anforderung die Beziehung zu seinen Hengsten zu verlieren. Aber das Gegenteil ist geschehen. Die Beziehungen wurden noch enger und gefestigter. »Es gab zwei Möglichkeiten. Erstens: Ich gebe den Pferden Befehle und sie führen sie aus.

Magali Delgado und ihr Hengst Bandolero bei einer Levade.

Zweitens: Ich bin offen und frage sie: Was wollt ihr tun? Ich habe den zweiten Weg gewählt.« Das war zunächst nicht der einfachere Weg. Er führte Trainer und Pferde ständig an ihre Grenzen. Und wenn man einen Hengst an seine Grenzen bringt, kann das zwei verschiedene Resultate haben: Ein sehr gutes Pferd oder ein sehr schwieriges Pferd. Und je sensibler ein Hengst ist, desto schmaler ist der Grad, auf dem man bei einer solchen Übung wandert. Denn sensible Pferde, obgleich in der Regel lernwilliger und aufmerksamer, neigen auch schneller zu Stress. Und Stress bedeutet bei einem Hengst Aggression. Sie können in völlige Panik geraten und werden dann unkontrollierbar. »Ich habe gesehen, wie ein Hengst aus Angst und im Stress ein Fohlen getötet hat«, erzählt Frederic. »Sie tun es, weil sie nicht mehr denken wollen.«

Auch während der Show geraten seine Hengste mitunter in Stress. Dann ist es Frederics Hauptaufgabe, den Stresslevel herunterzufahren, möglichst auf null zu senken. Das löst fast alle Probleme mit Hengsten. Von Linda Tellington-Jones habe er viel darüber gelernt, wie man mit gestressten Hengsten umgehen könne, erinnert sich Frederic. Von ihr habe er erfahren, wie wichtig es sei, absolut gerecht und fair mit ihnen umzugehen, weder rechts noch links von der Linie abzuweichen.

»Hengste sind sehr eindeutig, wenn sie etwas nicht wollen. Es gibt nur ein Ja oder ein Nein. Wenn du aber ihre Grenzen über-

Frederic Pignons fast schon legendärer Hengst Templado. Selbst auf dem Foto wird die Verbindung zwischen Mensch und Pferd spürbar.

schritten hast, dann musst du ganz schnell zurück und sie beruhigen«, fügt Magali hinzu. Das passiert auch erfahrenen Trainern. Es kommt darauf an, wie man in einer brenzligen Situation reagiert. Beruhigung ist der erste und wichtigste Schritt. Dann kann man gemeinsam versuchen, einen neuen Anlauf zu starten, um vielleicht auf einem anderen Weg das Ziel zu erreichen. Bei der Arbeit mit Hengsten ist man gut beraten, nicht immer den direkten Weg zu gehen, sondern den individuellen Zugang zu suchen. So gewinnt man das Vertrauen des Hengstes und produziert ein gemeinsames Erfolgserlebnis, wenn man das Ziel erreicht hat. So etwas schweißt zusammen – unter Menschen und unter Hengsten. »Es ist ein langer Weg, einen Hengst dazu zu bringen, freundlich und willig zu arbeiten. Aber wenn du es geschafft hast, ist er dein bester Freund.« Frederic hat viele Freunde unter seinen Hengsten.

Templado ist vielleicht das beste Beispiel dafür. Der Hengst war Frederics erstes Showpferd, nachdem er sich mit Magali selbstständig gemacht hatte. Mittlerweile gibt es Bücher und Videos über ihn. Mit Templado sind Magali und Frederic durch ganz Europa getourt. Immer neue Städte, neue Menschen, neue Pferde. Und während um ihn herum die Stuten nervös wurden, stand Templado ungerührt in seiner Box – jedenfalls solange Frederic bei ihm war oder mit ihm arbeitete. Ansonsten konnte auch Templado angesichts einer Stute ziemlich unruhig werden. Zu ihm hat Frederic eine besonders starke Bindung. »Mit ihm konnte ich auch früher schon in aller Ruhe arbeiten, auch wenn um uns herum viele andere Pferde und Menschen waren. Heute geht das mit fast allen Hengsten. Sie folgen mir sogar am Strand, die Leute sind dann meist sehr überrascht.«

So schön kann ein Hengst sein: Templado wirkt beim Foto-Shooting ebenso entspannt wie Magali und Frederic.

Auch Magali hat solche Erfahrungen gemacht. Mit einem ihrer Hengste ritt sie einmal in Spanien in eine Arena voller Stuten und anderer Hengste. Ihr Hengst war zu dieser Zeit als Deckhengst eingesetzt. Das mag schon erstaunlich genug sein. Erstaunlicher aber ist, dass Magali ihren Hengst ohne Trense ritt, nur mit einem Strick um den Hals. Er folgte trotzdem jedem ihrer Befehle. Frederic hat dafür eine Erklärung: »Er weiß, dass er tun kann, was er will. Aber Magali bringt ihm Vertrauen entgegen. Das stärkt wieder sein Selbstvertrauen und macht ihn zufrieden.« Der Hengst mochte im Allgemeinen lieber ohne Sattel und Zaum geritten werden. Magali erinnert sich, dass er dann leichter zu handhaben war. »Wir hatten eine sehr enge Verbindung. Er machte die Dinge nicht, weil er musste, sondern weil er es gut machen wollte.«

Ohne Sattel und Zaumzeug muss man mehr mit dem Kopf arbeiten und ist darauf angewiesen, dass ein Hengst den eigenen Vorstellungen zustimmt. Frederic war am Anfang seiner Laufbahn bereits sicher, dass man als guter Reiter ein Pferd fast ausschließlich mit seinen Gedanken beherrschen könne. »Wenn man ein guter Reiter ist, muss man auch ohne alles ein guter Reiter sein. Wenn du mit einem Pferd gut und gerne zusammenarbeitest, dann geht das. Wenn es spürt, dass du es nicht zwingen kannst, weiß es, dass du es respektierst.«

Der Hengst Mandarin hat einen äußerst empfindlichen Rücken. Magali Delgado spürt kleinste Verspannungen selbst durch den Sattel.

Respekt ist eine der wichtigsten Grundlagen für Magalis und Frederics Arbeit. Sie respektieren den Charakter, die Eigenarten und Vorlieben ihrer Pferde. Das geht soweit, dass Frederic bereit ist, jeden Abend in der Show zu improvisieren, nachdem er herausgefunden hat, wie sich die Pferde befinden. Sind sie entspannt? Sind sie nervös? Frederic schaut ihnen in die Augen, wissend, dass bei einem Hengst die Augen wichtiger sind als die Stellung der Ohren. »Wenn du das Weiße siehst, hat er Angst. Wenn sich die Augen aber weiter verändern, er eine Braue hebt, dann musst du aufpassen. Dann kann es gefährlich werden.«

Manche Hengste haben sogar Humor. Jedenfalls behauptet das nicht nur Frederic Pignon. Aber sie verlieren ihren Humor, wenn Stress einsetzt – genau wie Menschen. Frederics Hauptaufgabe besteht im Krisenfall immer darin, das gute Gefühl zwischen Mensch und Tier wieder herzustellen. Er bezeichnet das als große Herausforderung, denn ein Hengst sei nicht immer gleich und reagiere nicht immer gleich auf bestimmte Signale. »Du kennst deinen Hengst nie wirklich. Das muss dir immer klar sein. Er kann dein bester Freund oder dein bester Feind sein. Auch wenn ihr Freunde fürs Leben seid, kann er dich attackieren, je nach der Situation.«

Selbst mit Templado musste Frederic schon diese Erfahrung machen. Der Hengst brach aus und ging über alle Zäune, um zu einer Stute zu gelangen. Frederic verfolgte ihn auf einem anderen Pferd und Templado griff die beiden an. »Das musste ich akzeptieren. Es war ein anderer Zusammenhang. So etwas kann sich von einer Sekunde zur nächsten ergeben. Das ist sehr schwierig.«

Frederic betrachtet seine Hengste als Weggefährten. Seine Arbeit mit ihnen beruht auf dem Prinzip, dass er sie machen lässt, wozu sie Lust haben. Er versucht nie, sie zu etwas zu zwingen, was sie gerade nicht wollen. Dann können sie ungemütlich werden. Ein mächtiger Friesenhengst, mit dem er zurzeit bei Cavalia arbeitet, zeigt häufiger während der Show einen Unwillen, bestimmte Übungen auszuführen. Dann schickt Frederic ihn auf seinen Platz, wo er gelernt hat, zu warten. Manchmal kommt er dann von selbst zurück und signalisiert, dass er jetzt bereit ist, die Übung zu machen. »Für eine gute Arbeit brauche ich ihre Zustimmung. Ich kann nicht gegen ihren Willen eine Show machen. Und wenn einer von ihnen vor dem Training in der Box liegt und schläft, dann lasse ich ihn liegen. Das ist eine Frage des Respekts.«

Manche Hengste zeigen während der Show Unsicherheit und Angst. Dann legte Frederic seinen Mund an die Nase oder an die Ohren. Stuten tun das bei Fohlen. Frederic glaubt, sie erinnern sich an diese Geste und sie gibt ihnen Sicherheit. Einer der Hengste ist noch regelmäßig unsicher bei den Auftritten. »Dann warte ich ab und beobachte ihn. Gehe ich zu ihm und er streckt seine Nase zu meiner Hand, ist die Unsicherheit nicht verflogen. Bleibt sein Kopf oben, ist das ein Zeichen, dass er sich gefangen hat. Manchmal bekommt er so viel Angst während der Show, dass er zu mir kommt und mir zeigt: Ich brauche deine Hilfe.«

Frederic ist bei der Arbeit äußerst konzentriert. Er ist nur bei den Pferden. Alles andere schaltet er aus. Er spürt, wenn er vor der Arbeit nicht zentriert ist. Dann weiß er, dass er vorsichtig sein muss. »Es gibt Tage,

Mandarin im Linksgalopp und hochkonzentriert auf seine Reiterin. Die Kommunikation reißt nie ab.

da weiß ich, es wird nicht funktionieren. An anderen Tagen ist alles federleicht. Man muss sich auf den Augenblick konzentrieren.« Einem Hengst kann man nichts vormachen. Er spürt jede kleinste Veränderung. Aber auch Frederic spürt die Energie seiner Pferde und stellt sich immer wieder neu darauf ein. Er sagt, sie helfen ihm, die eigene Energie zu kontrollieren und den Rhythmus zu finden.

Diese absolute Konzentration, gepaart mit einer hochsensiblen Wahrnehmung erklärt einen Teil der Leichtigkeit, mit der Magali und Frederic gemeinsam mit ihren Pferden atemberaubende Vorführungen auf die Bühne bringen. Magali spürt selbst durch den Sattel die kleinsten Verspannungen im Körper ihrer Pferde. Selbst Frederic mit seiner ausgeprägten Beobachtungsgabe kann die feinen Veränderungen im Bewegungsablauf oft nicht erkennen. Magali hat im Laufe der Jahre ein besonderes Gespür dafür entwickelt. Ihr Hengst Mandarin brauchte so eine Zeit lang jeden Tag einen anderen Sattel. Der Sattler wurde immer wieder gerufen, um nach Magalis Anweisungen Änderungen vorzunehmen. Auch heute noch geht Mandarin nie mehr als dreimal hintereinander mit demselben Sattel. Er ist ein äußerst sensibles Pferd. Und hätte er nicht eine Reiterin, die solche Dinge wahrnehmen kann, wäre er wahrscheinlich unter dem Sattel zu einem Problempferd geworden, denn Verspannungen im Rücken können bei einem Pferd große Schmerzen verursachen und sind ein sehr häufiger Grund für unwilliges Verhalten beim Reiten. »Wenn du dein Pferd verstehst, hast du keine Konflikte mit ihm«, erklärt Magali. »Es gibt immer einen Grund, warum ein Pferd etwas nicht will. Und diesen Grund musst du finden.«

Es ist nicht natürlich für ein Pferd, ein Gewicht auf seinem Rücken zu tragen. Daraus resultierende Probleme sind also recht natürlich. Schon vor 20 Jahren zogen Frederic und Magali deshalb Osteopathen zurate. Es liegt in der Verantwortung und im Interesse des Halters, dafür zu sorgen, dass ein Pferd ohne Schmerzen arbeiten kann. Ein guter und passender Sattel ist dafür eine wichtige Voraussetzung. Profis messen dem viel mehr Bedeutung bei als Freizeitreiter. Aber gerade diese könnten etliche Probleme beheben, wenn sie den Verspannungen und Druckstellen am Rücken mehr Beachtung schenken würden. Magali würde niemals einen x-beliebigen Sattel auf ihr Pferd legen. »Im Alter von drei bis fünf Jahren muss man einen guten Sattel für sein Pferd finden. Mit etwas Glück kann man ihn dann sehr lange benutzen.«

Das gilt natürlich für Hengste, Stuten und Wallache gleichermaßen. Ihre körperlichen Befindlichkeiten unterscheiden sich nur wenig, sieht man einmal von den geschlechtlich bedingten Unterschieden ab. Auch sonst, so findet Frederic, sei die Basis für die Arbeit mit Hengsten, Stuten und Wallachen gleich. Aber in der Gruppe verhalten sie sich völlig verschieden. Hengste sind vorsichtiger, weil ihnen die Natur die Beschützerrolle zugedacht hat. Sie neigen eher zu Stress, der unweigerlich zu Aggression führt. Frederic hat das schon lange beobachtet. Er glaubt, dass Hengste immer mehr Angst haben als Stuten. »Sie brauchen diese Angst, weil sie aggressiv sein müssen, um zu überleben. Hengste sind immer die Ersten, die Gefahren wittern.« Junge Stuten seien oft mutiger als junge Hengste. Frederic führt das darauf zurück, dass Stuten ihren Stress besser kontrollieren als Hengste, weil sie auf ihre Fohlen Rücksicht nehmen müssen. »Die Formel für den Hengst ist denkbar einfach: Angst ist gleich Stress. Stress ist gleich Aggression. Also muss ich den Stress reduzieren, wo es nur geht.«

Stuten sind einfacher in der Handhabung. Sie sind nicht so anfällig für Stressfaktoren und benehmen sich auch in der Gruppe anders. Sie akzeptieren schneller die Regeln und fügen sich in die Gruppe ein. Hengste, das ist auch bei Herden zu beobachten, stehen immer außerhalb, sind immer etwas isoliert. »Drei Hengste sind immer drei Hengste. Eine Stutenherde bewegt sich immer als Ganzes«, beschreibt Frederic den Unterschied. Das gilt auch, wenn man ihnen den Rücken zuwendet. Diese Tatsache macht jedoch die Arbeit mit Stuten nicht unbedingt leichter.

Egal ob Stuten oder Hengste – wichtig ist, dass man Regeln festsetzt. Mit Hengsten muss man diese Regeln allerdings immer wieder etablieren, jede Minute. »Es sind einfache Regeln«, erläutert Frederic die Arbeit. »Beiße mich nicht. Beiße nicht deinen Nachbarn. Beginnt man, Ausnahmen zuzulassen, muss man eines Tages mit den Pferden kämpfen.«

Und diese Kämpfe nehmen selten ein gutes Ende. Meist sind falsche und schlechte Behandlung die Ursache für Aggressionen. Zu hoher Druck, ungerechte Behandlung, Reaktionen, die der Hengst nicht einordnen und verstehen konnte.

Von Zeit zu Zeit werden Magali und Frederic gebeten, bei problematischen Pferden zu helfen. Oft können sie nicht helfen. Vor allem, wenn es sich um Pferde handelt, die im professionellen Rennsport eingesetzt werden. Dort müssen sie mit zwei bis drei Jahren bereits Rennen laufen. Frederic hat eine klare Meinung dazu: »Das ist furchtbar für ein Pferd, für die Knochen, für die Muskeln, für die Sehnen. Da kann man nicht helfen. Man müsste das ganze System ändern, das Pferde viel zu früh an ihre Grenzen bringt. Mit fünf Jahren sind sie für uns noch Babys.«

Ein von Frederic zum Training übernommener Araberhengst konnte nur noch von zwei Leuten gleichzeitig gehalten werden. Er trat und biss und war für jeden in seiner Umgebung eine Gefahr. »Der Hengst konnte nicht mehr zwischen richtig und falsch unterscheiden. Er trat, wenn er Futter bekam und zeigte manchmal keine Reaktion, wenn man ihn hart anging. Ich musste ihn völlig neu erziehen.« Nach einem Monat hatte sich eine gute Verbindung zwischen den beiden eingestellt. Frederic konnte ihn problemlos reiten. Als jedoch der Besitzer zurückkam, um ihn abzuholen, zeigte er das gleiche Verhalten wie vorher.

Ein anderer Araberhengst in Florida versetzte Frederic in Angst und Schrecken. Der Hengst verfolgte ihn im Galopp und seine Absichten waren klar. »Ich hatte wirklich Angst. Natürlich habe ich mich verteidigt und ihm mit der Gerte einen harten Schlag versetzt. Ich bin explodiert wie eine Bombe. Eine solche Reaktion muss spontan sein und den Hengst überraschen. Dann hat man eine Chance.«

Handelt es sich um einen Hengst, der mental und körperlich überfordert ist und deshalb dauerhaft aggressiv wird, bleibt meist nur die Kastration. Magali und Frederic sind keine Freunde der Kastration, akzeptieren sie jedoch, wenn es dem Pferd anschließend besser geht und es ein ruhigeres stressfreieres Leben führen kann. »Wir ma-

chen uns die Dinge oft zu einfach. Es gibt ein Problem, also kastrieren wir. Wir müssen Respekt vor der Natur haben. Immer versuchen wir, sie zu verändern, ziehen Katzen ihre Krallen und lassen sogar Hunde operieren, damit sie nicht mehr bellen. So lösen wir keine Probleme.«

Frederic beobachtete den Hengst weiterhin sehr genau und fand heraus, wie es zu der Attacke kam. Er hatte etwas wiederholt, was der Hengst von seinem Besitzer kannte. Das löste reflexartig die Aggression aus. »Wenn man einen problematischen Hengst hat und will ihn umerziehen, dann muss man alles ändern – unter Umständen auch den Ort und die Menschen. Wenn er von links gearbeitet wurde, arbeite ich von rechts. Wurde er geritten, arbeite ich nur an der Hand. Wurde er nur von einer Person betreut, lasse ich ihn von zwei Personen betreuen.«

Manchmal sind es aber nur Kleinigkeiten, die sich ausschließlich auf eine Person oder eine Situation beziehen. Solche Fälle sind leichter zu lösen. Man muss nur beobachten und analysieren, um anschließend den Umstand auszuschließen.

Auch dafür findet sich ein Beispiel in Frederics Arbeit. »Es gibt Hengste, bei denen darfst du keinen Fehler machen. Ich hatte so einen und machte einen Fehler. Er griff mich an und traf mich mit den Vorderhufen am Kopf. Der Hengst war sehr angespannt, weil Stuten draußen waren. Ich habe das ignoriert oder es nicht ernst genommen und so mit ihm gearbeitet, wie ich das von Templado her kannte. Ich intensivierte unser Spiel und verlangte etwas mehr von ihm, habe ihn steigen lassen. Er hat aber nicht mehr gespielt, sondern mich angegriffen. Außerdem stand ich falsch.« Der Hengst war über seinen Angriff selbst erschrocken und tat danach alle möglichen merkwürdigen Dinge. Er näherte sich Frederic, der mit einem blutenden Auge völlig geschockt auf der Bühne stand und machte eine Verbeugung, ohne das Kommando dazu erhalten zu haben. Er was sehr irritiert. Frederic analysierte das Verhalten des Hengstes und kam zu dem Schluss, dass der Fehler bei ihm selbst gelegen hat. »Er war aggressiv genug, um mich zu attackieren und kontrolliert genug, um es nicht zu tun. Dann stand ich falsch und habe es provoziert. Es war nicht sein Fehler. Nach diesem Vorfall hat er sich nie mehr schlecht benommen.«

Diese Geschichte beweist ein weiteres Mal, dass Unfälle und gefährliche Situationen in den meisten Fällen vom Menschen herbeigeführt werden. Wir sind unkonzentriert, übersehen deutliche Zeichen und lassen dem Hengst am Ende keine Wahl. Ob das Gähnen beim Hengst ein solches Zeichen ist, darüber gehen die Meinungen auseinander. Frederic ist der Auffassung, dass sie damit Stress abbauen, weil er es vermehrt unmittelbar vor oder zu Beginn von Auftritten beobachtet hat. Seither nimmt er sich hinter der Bühne vor dem Auftritt ein wenig Zeit, um seine Hengste zu beruhigen. Sie gähnen weiterhin, aber nicht mehr auf der Bühne. Er glaubt, dass manche Hengste sehr gerne vor Publikum agieren. Einer, der in seiner Box immer sehr nervös wurde, wenn die Abendvorstellung näher kam, lief geradewegs zur Bühne, als man ihm die Box öffnete, um zu sehen, was er tun würde. »Ich glaube, Hengste mögen ein wenig die Angst und

Ein Band um den Hals ist alles, was Magali Delgado braucht, um ihren Hengst Dao am Strand zu lenken.

genießen es, sie dann zu kontrollieren.« Vielleicht ist es ähnlich wie bei Menschen, die den Adrenalinausstoß in manchen Situationen genießen und sie dann immer wieder suchen.

Frederics Hengst Fasto zum Beispiel wollte sich auf der Bühne nie hinlegen. Eines Tages tat er es, ohne eine Anweisung dafür erhalten zu haben. Als die Leute dann applaudierten, sprang er erschrocken wieder auf. Er hat diese Übung immer wiederholt: Hinlegen, Applaus, aufspringen. Ein anderer Hengst, Lancelot, fügte dem Hinlegen, ebenfalls selbstständig, noch das Rollen hinzu. »Er hatte das nie mit mir gemacht. Aber in Kommunikation mit dem Publikum funktionierte es. Ich habe es in die Show eingebaut. Das hätte ich früher nicht für möglich gehalten.« Die Stimmung des Pferdes und die von ihm kommenden Impulse aufnehmen und sie für seine Arbeit nutzen, diese Methode ist nicht auf die professionelle Arbeit in einer Pferdeshow beschränkt. Bei jeder Beschäftigung mit Hengsten kann man auf dieser Grundlage gute Erfolge erzielen. Das wichtigste dabei: Vielen Konflikten wird der Boden entzogen.

Magali und Frederic haben diese Vorgehensweise verinnerlicht. »Manchmal verlange ich etwas ganz Einfaches von einem Hengst und er tut es nicht. Er hat das entschieden. Dann kämpfe ich nicht mit ihm. Entweder es geht darum, wer der Stärkere ist, oder du machst einen Kompromiss und sagst: Okay, dann machen wir etwas anderes.« Es ist wie bei der Erziehung von Kindern. Wenn man sie zwingen will, machen sie garantiert das Gegenteil. Das Geheimnis besteht darin, alles unter Kontrolle zu haben, ohne ständig alles zu kontrollieren. An die Stelle von Druck tritt bei Frederic Pignon der gegenseitige Respekt. Er sagt: »Tue dies oder jenes, und wenn du es nicht willst, lass es mich wissen. Dann machen wir etwas anderes.« Besonders bei der Arbeit mit jungen Hengsten hat sich dieses Vorgehen als äußerst erfolgreich erwiesen. Frederic versucht von Anfang an, eine Kommunikation mit dem Pferd herzustellen und ist sich seiner Rolle dabei sehr bewusst. »Wahrscheinlich verstehen sie uns besser, als wir sie. Das lasse ich sie wissen. Plötzlich fangen sie an, mit mir zu reden. Sie zeigen deutlich, was sie wollen. Leider »sprechen« viele Pferde gar nicht mehr. Sie wissen, dass wir es nicht schaffen, sie zu verstehen und versuchen es irgendwann nicht einmal mehr.«

Frederics Hengst Mandarin ist ein guter Kommunikator. Kurz bevor er sich verweigern würde, macht er Geräusche. Frederic nimmt den Druck heraus, lässt ihn etwas anderes machen. Dann versucht er es wieder. Die Geräusche sind diesmal anders, milder. »Dann bitte ich ihn, einen kleinen weiteren Schritt zu versuchen. Ich sage: Versuch es. Es ist nicht schwer. Meistens macht er dann die Übung.« Bevor er zu den Hengsten kam, hat Frederic mit Stuten gearbeitet. Er denkt gerne an diese Zeit zurück, denn er findet, dass Stuten reifer sind als Hengste. »Mit ihnen spricht man wie mit Erwachsenen. Mit Hengsten sprichst du wie mit Kindern. Sie sind wie Kinder. Die Art, wie sie unkonzentriert sein können, wie sie von einer Sekunde auf die andere ihr Verhalten ändern.«

Dieser Umstand lässt sich durch kein Training der Welt verändern. Es ist ein Wesenszug von Hengsten, den man bei der Arbeit immer berücksichtigen muss. Hatten sie zudem keine gute Kinderstube, kann es sehr problematisch werden. Selbst manche Stuten in der Herde lassen ihrem Nachwuchs zu viel durchgehen, vor allem beim ersten Fohlen. Auf der Farm von Magalis Eltern, von wo sie die meisten Pferde für ihre Arbeit bezieht, hat man dafür ein Auge entwickelt und beobachtet genau, wie die Stuten mit ihren Fohlen umgehen. Unter Umständen werden die beiden von der Herde separiert und für eine Weile in der Box gehalten. Dort übernimmt dann der Mensch teilweise die Erziehung. Steigen, beißen, anspringen – all das sind Sachen, die ein Fohlen bei einem Mensch auf keinen Fall tun darf. Danach geht es zurück in die Herde. Keinesfalls sollte ein Fohlen alleine aufwachsen und zu früh von der Mutter getrennt werden. »Da gibt es keinen Unterschied zwischen Menschen und Pferden. Wenn man ein Baby völlig alleine aufwachsen lassen würde, es separiert von anderen, dann würde es verrückt werden. Das ist bei Pferden auch so.« Für Frederic ist die Anfangszeit die wichtigste. Bis zu drei Jahren, sagt er, könne man ein Pferd noch leicht an den Umgang mit Menschen gewöhnen. Solange man dabei gerecht bleibe, werde sich das Pferd kooperativ bei der Arbeit zeigen.

Außerdem spielt der Faktor Zeit eine wichtige Rolle. Frederic lässt sich heute viel Zeit mit seinen Pferden. Er hat gelernt, dass der Wunsch nach schnellen Erfolgen sich bei der Arbeit mit Pferden nicht auszahlt. Die Ergebnisse sind in aller Regel schlechter als bei Pferden, mit denen er sich Zeit ließ. Ungeduld bei der Arbeit ist ein großes Handicap. Diesen Fehler macht Frederic heute nicht mehr. Aber er räumt ein, dass er immer wieder Fehler macht, dass er sich ständig hinterfragt und korrigiert. Einmal begangene Fehler sind jedoch schwer wieder zu revidieren. Magali nennt wieder die Kindererziehung als Beispiel: »Man muss dann sehr konsequent und präzise sein. Erst dürfen sie wenig. Wenn sie gelernt haben, die Regel zu akzeptieren, gibt man ihnen mehr Freiheiten. Du bist klüger, also hast du mehr Freiheit!« So geht man langsam Schritt für Schritt, bis der Hengst begriffen und akzeptiert hat, was man von ihm will. Voraussetzung ist natürlich, dass der Hengst verstehen kann, was man von ihm verlangt. Frederic hat das früher mit durchaus herkömmlichen Methoden versucht. Man schafft ein positives Umfeld, nutzt bekannte Techniken und übt Druck aus. Das ging, es reichte ihm aber nicht. »Heute kann ich mit meinen Hengsten sprechen. Ich sage ihnen nicht, dass sie steigen sollen, ich gebe ihnen die Idee, zu steigen. Ich verstehe heute ein wenig mehr.« Frederic ist sicher, dass man mit einem Hengst an einen Punkt kommen kann, wo man am Boden und unter dem Sattel eine ideale Balance herstellt. Diese Form der Balance geht weit über das rein Körperliche hinaus. Es ist eine energetische Übereinstimmung, ein »Miteinander fließen«.« Frederic erklärt, was er meint: »Früher versuchte ich, das Pferd von außen zu beeinflussen, zum Beispiel, indem ich meine Stimme veränderte. Aber ich hatte den Anspruch, das Pferd nicht durch meine Bewegungen, sondern nur durch Konzentration zu lenken. Wir versuchen immer, eine Technik zu finden. Techniken können helfen, aber sie sind nicht alles und für sich alleine sicher nicht der richtige Weg. Ich möchte einem Pferd begegnen und ihm direkt mitteilen können, dass es beschützt ist. Um sich auf diesen Weg zu machen, muss man sich öffnen, man muss das Anliegen in sich tragen, um weiter zu kommen.« Frederic nutzt jede Gelegenheit, um auf diesem Weg voranzuschreiten. Selbst von seinen Schülern lernt er, von jedem Fehler,

Wer würde schon so mit zwei Hengsten an den Strand gehen? Templado und Fasto scheinen dabei ebenso entspannt wie Frederic Pignon.

den sie machen. Er sagt, er lerne von allem, was ihm begegnet.

Diese Ausführungen sollen nicht heißen, dass man sozusagen im »Free-Style« mit Hengsten arbeiten soll. Eine solide Ausbildung ist die Voraussetzung für jeden späteren Fortschritt. Man muss die Regeln kennen und beherrschen, bevor man sie unter Umständen brechen und etwas Neues ausprobieren darf. Wer glaubt, einfach so mit seinem Hengst auf die Wiese gehen zu können, um mit ihm fangen zu spielen, der spielt gleichzeitig mit dem Feuer. Der Hengst muss sehr exakt gelernt haben, was erlaubt ist und was nicht. Er muss die Grenzen kennen und respektieren. Darauf aufbauend kann sich Vertrauen einstellen. Bis zum Alter von fünf Jahren sollte die Basis gelegt sein. Ein Hengst, der bis dahin ausschließlich auf der Wiese war, dürfte nur noch schwer zu erziehen sein. Gut ist es immer, wenn sie als Fohlen erlebt haben, dass ihre Mutter Vertrauen zu Menschen hatte. Fohlen kopieren ihre Mütter in fast allen Dingen. Sie wollen lernen und kommunizieren. Nach dem Absetzen, spätestens mit einem Jahr, beginnt Frederic mit einfachen Übungen wie Halfter anlegen und führen. Hat es keine Angst, ist das meist nicht schwer, denn der Mensch ersetzt die Mutter, der das Fohlen immer gefolgt ist. Mit zwei Jahren kommen neue Lektionen: Plötzlich stoppen und rückwärts gehen. »Die jungen Hengste brauchen viel Freiraum. In diesem Alter müssen sie lernen, zu lernen. Ich unterstütze sie dabei, indem ich sie selbst aktiv werden lasse. Sie können sich etwas ausdenken und ich greife es auf. Dabei fängt das gemeinsame Spielen an.« Frederics Hengste kommen zu ihm, wenn sie im Außen eine Gefahr vermuten und suchen

Schutz. Er hilft ihnen, ihren Stress zu kontrollieren. Aber immer bleibt klar: »Ich bin kein Pferd. Mich kann man weder beißen noch ansteigen.«

Mit drei Jahren reitet er seine Hengste ganz langsam und behutsam an. Zwei Mal pro Woche hält er für ausreichend, denn er ist nicht der Meinung, dass ein Hengst mit vier Jahren fertig ausgebildet sein muss. »Ich habe alle Zeit der Welt. Wenn ich spüre, dass einer meiner Hengste sich unter meinem Gewicht und mit dem Sattel unwohl fühlt, mache ich nur kurze Lektionen oder stoppe ganz. Er wächst ja noch. Ich kann warten.« Das ist einer von Frederics Grundsätzen: Immer warten, bis das Pferd bereit ist, niemals etwas erzwingen und mit ihm kämpfen.

Magalis und Frederics Anliegen ist es, ihren Hengsten in jeder Beziehung ein möglichst glückliches Leben zu ermöglichen. Dazu will Frederic in Zukunft bei dem schwierigen Problem der Herdenzusammenstellung andere Wege gehen. Es soll jeweils ein Hengst mit zwei Stuten zusammen stehen. Er will sehen, wie sie reagieren und ob sich ihr Verhalten bei der Arbeit ändert. »Ich will versuchen, sie so natürlich wie möglich zu halten. Aber man muss seiner Verantwortung gerecht werden. Hengstkämpfe sind nichts, mit dem ich experimentieren werde.«

Frederic versucht auch immer wieder, Rassen bei der Arbeit zu mischen. Das funktioniert aber nur eingeschränkt, denn ihre Charaktere sind sehr unterschiedlich. Araberhengste sind nach Frederics Erfahrung sehr feinfühlig und ausdrucksstark. Sie wiehern viel, lassen sich aber leicht kontrollieren. Spanier seinen einfacher, Warmblüter schwierig. Kaltblüter und auch Friesen sähen zwar harmlos aus und hätten einen guten Charakter, seien aber oft schwierig zu handhaben. Quarter Horses nehmen für Frederic eine Sonderstellung ein. Eigentlich seien sie zu entspannt. »Sie machen nie Probleme. Deshalb kannst du mit ihnen auch keine Probleme lösen und darum bekommst du vielleicht eines Tages mit ihnen ein Problem. Sie reagieren sehr plötzlich und ohne Warnung. Man weiß nie, warum sie etwas tun. Andere Rassen geben vorher Signale.«

Vieles von dem, was die beiden erzählen, kann den Eindruck erwecken, dass Magali und Frederic ihre Pferde mit zu viel Nachgiebigkeit behandeln. Dem ist sicher nicht so. Aber sie wählen andere Wege, um ihre Führungsrolle aufzubauen und zu festigen. Bei der Longenarbeit etwa benutzt Frederic eine Peitsche. Er sagt, dadurch drücke sich seine Autorität aus. Die Peitsche zischt durch die Luft und zugleich zischt Frederic sein »Non, non, non!« Die Hengste bekommen keine Angst vor der Peitsche. Sie akzeptieren sie als Teil von ihm, mit der er seinen Willen ausdrückt. Schon nach kurzer Zeit wird die Peitsche überflüssig. Das Zischen seiner Stimme reicht vollständig aus, um die Hengste zu lenken. Frederic geht aber noch weiter. Er greift bereits ein, wenn er wahrnimmt, dass ein Hengst daran denkt, etwas Unliebsames zu tun. Eine bereits begonnene Aktion zu unterbrechen, ist nur die zweitbeste Lösung. Oft hört man ihn sagen: »Denk nicht mal dran!« Und das Pferd versteht, dass er es versteht, dass er seine Sprache beherrscht, und es ändert sein Verhalten von selbst. Frederic beobachtet immer die Augen seiner Hengste. Sie signalisieren zuerst, wenn sie etwas vorhaben. Man muss den richtigen Zeitpunkt finden. Agieren wir zu früh, sind wir ungerecht, agieren wir zu spät, haben wir ihn nicht gut genug verstanden. »Es sind die vielen Kleinigkeiten, die wichtig sind, mit denen man konsequent und präzise umgehen muss. Um das zu erreichen, halten wir unsere Pferde sehr nah bei uns und verbringen viel Zeit mit ihnen.«

Nur so lernt man sie gut kennen und weiß, ihre Reaktionen richtig zu deuten. Ein Hengst ist kein Spielzeug, das man ein Mal die Woche zur Hand nehmen kann, um sich mit ihm zu vergnügen. Ein Hengst fordert permanente Zuwendung, einen abwechslungsreichen Alltag und – im Umgang mit Menschen – gemeinsame Aufgaben und Ziele. Man kann versuchen, die direktive Vaterrolle oder die beschützende, liebevolle Mutterrolle zu übernehmen. Um Erfolg zu haben, muss man beides können. »Es ist nicht die Frage, ob man ein Mann oder eine Frau ist. Autorität bei einem Hengst bedeutet, beide Komponenten abdecken zu können. Hart sein ist kein Problem für Hengste. Ungerechtigkeit ist das Problem. Und das können Frauen ebenso gut wie Männer.«

Frederic Pignon und Magali Delgado kompakt

Im Gegensatz zu vielen anderen Hengsttrainern befürworten Magali und Frederic den intensiven Körperkontakt zu Hengsten. Er ist ein Teil der Kommunikation, die sie pflegen, ein Mittel herauszufinden, was ihre Hengste wollen. Darauf aufbauend gestalten sie ihr Trainingsprogramm. Niemals zwingen sie einen Hengst zu einer Übung. Wenn er nicht will, wird gewartet. Sonst setzt sich eine Abfolge von Angst, Stress und Aggression in Gang. Stressreduzierung betrachten die beiden deshalb als eine ihrer Hauptaufgaben.

Mark Rashid

Zur Person

Mark Rashid lebt auf einer Farm in der Nähe von Estes Park, Colorado. Dort hat er sich einen fast legendären Ruf bei der Arbeit mit Problempferden erworben. In seinen sieben Büchern legt Mark Rashid dar, wie er das macht: Er beobachtet und versetzt sich in ihre Lage. Hat er das Problem des Pferdes (nicht das des Menschen) erkannt, so nimmt er sich alle Zeit der Welt, um es Schritt für Schritt zu beheben.

Mark begann bereits im Alter von zehn Jahren, mit Pferden zu arbeiten und ist durch die typische amerikanische Schule des Westens gegangen. Mit zwölf hat er sein erstes Pferd komplett ausgebildet. Der Ranchalltag und das Training von Pferden gehören auch heute noch zu seinen Lieblingsbeschäftigungen. Vor einigen Jahren absolvierte er eine Ausbildung in Aikido, um, wie er sagt, seinen Umgang mit Pferden zu verbessern. Mittlerweile trägt er den Schwarzen Gurt und bildet im heimischen Dojo selber aus. Wann immer er Zeit findet, singt er und spielt Gitarre in der Lokalgruppe »The Elktones«.

»Am Besten, man behandelt einen Hengst wie ein Pferd.«

Für Mark Rashid sind Hengste kein Problem. Im Gespräch konnte man den Eindruck gewinnen, dass er den Fokus, den wir auf gewisse Unterschiede zu Stuten und Wallachen legten, als konstruiert empfand. Erst gegen Ende der Unterhaltung machte er deutlich, wovon auch wir ausgegangen waren: »Wenn man keine Erfahrung hat, sollte man lieber nicht mit Hengsten arbeiten – und je mehr Erfahrung, desto besser.«

Marks erster Lehrer war der aus seinen Büchern bekannte »Alte Mann«, Walter. Bei ihm gab es nie Probleme mit Hengsten; keine jedenfalls, die es nicht auch mit anderen Pferden gegeben hätte. Die damals gewonnenen Einsichten sind bis heute Marks Basis geblieben. Er glaubt, dass die Leute deshalb keine besonderen Probleme mit Hengsten hatten, weil sie keine erwarteten. Seit dem 18. Jahrhundert seien Hengste im Westen die häufigsten Reitpferde gewesen. »Behandle sie wie Pferde, dann ist es in Ordnung. Wenn du sie wie Hengste behandelst, kommst du in Schwierigkeiten.«

Er erzählt die Geschichte eines elfjährigen Hengstes. Seine Besitzerin will ihn nicht kastrieren lassen, obwohl es immerzu Probleme mit ihm gibt. Sie kann ihn nirgendwo hin mitnehmen, kann ihn nicht reiten und er ist kaum zu beherrschen. Auf Marks Frage, warum sie ihn nicht kastrieren lasse, antwortet sie, dass sie keinen Wallach reiten wolle. Ergebnis: Eine frustrierte Besitzerin und ein Leben in ständigem Stress für das Pferd.

Solche Haltungen kann Mark nicht verstehen. Für ihn steht das Wohlergehen des Pferdes immer an erster Stelle. Einen Hengst nur aus Status- oder Prestigegründen zu halten, ist ihm völlig fremd. Das Pferd zahlt immer die Rechnung. »Sie wollen einen Hengst haben, wissen aber nicht, wie man mit ihm umgehen muss. Sie setzen ihm

keine Grenzen. Dann wird er irgendwann gefährlich und wir haben ein Problem.«

Immer wieder betont Mark, dass fast alles, was er zu Hengsten sagt, im gleichen Maße für alle Pferde gilt. Man darf sie nicht zu weich behandeln. Dann lernen sie nicht die Grenzen kennen, die für den Umgang zwischen Mensch und Pferd so wichtig sind und ein zufriedenes Miteinander garantieren. Man darf sie auch nicht zu hart behandeln. Das nehmen sie übel, denn sie sind sensibel und verstehen nicht, was man von ihnen will. Bei allen Pferden sei das so, sagt Mark. Hengsten seien in allem nur etwas intensiver. Selbst bei den Mustangs, den amerikanischen Wildpferden, gelten die gleichen Prinzipien. Aber Mark beeilt sich, klar zu machen, dass Mustangs Wildtiere im klassischen Sinn des Wortes sind, wilde Tiere.

Sein Credo ist einfach: Lasst Pferde Pferde sein, lasst Hengste Hengste sein. Er ist kein Freund eines überschwänglichen

Mark Rashid gewinnt seine Erkenntnisse aus der genauen Beobachtung von Pferden. Durch ihr Verhalten und ihren Ausdruck zeigen sie ihm, wo die Probleme liegen.

Austauschs körperlicher Zuwendung zwischen Mensch und Pferd. Zuwendung ja, aber erst, wenn die Grundlagen dafür geschaffen sind. Und die heißen Grenzziehung, Klärung der Erwartungen und Training. »Danach können wir Zuwendung geben. Aber wir dürfen nicht erwarten, dass ein Hengst uns gehorcht oder besser akzeptiert, weil wir ihn häufig am Hals kratzen. Pferde mögen es, am Hals gekratzt zu werden. Für sie ist es aber keine Zuwendung, sondern eben Kratzen. Der Rest ist unsere Interpretation.«

Gerade bei Hengsten, so Mark, könne übertriebenes Streicheln fatale Folgen haben und Probleme erzeugen. Außerdem laufen wir Gefahr, Missverständnisse zwischen Mensch und Tier herbeizuführen. Wenn wir Streicheln und Tätscheln als Belohnung einsetzen, das Pferd aber mit den gleichen Gesten zu beruhigen versuchen, wenn es Angst hat, was soll es dann verstehen: »Angst haben ist richtig und wird belohnt?« Menschen, erklärt Mark, berührten sich unablässig, um Zuneigung auszudrücken, Pferde nicht. »Wenn wir aber unsere menschlichen Verhaltensmuster auf den Umgang mit Pferden, und insbesondere mit Hengsten, übertragen und dann die gleichen Reaktionen erwarten, kann es zu gefährlichen Missverständnissen kommen.«

Der Grundsatz der gleichen Behandlung aller Pferde zieht sich wie ein roter Faden durch das Gespräch. Und das gilt erst recht für das Training. Die ersten Lektionen in Colorado machen keinen Unterschied zwischen Stuten und Hengsten. Am Führseil gehen, Hufe geben, Hängertraining. Und immer wieder: Grenzen setzen! Grenzen, die ein Hengst auf ganz natürliche Weise lernt, wenn er im sozialen Verband einer Herde aufwächst. Bei Mark Rashid bleiben die Junghengste so lange wie möglich in der Herde. »Die Herde erzieht den Hengst. Was er dort nicht lernt, kann man ihm später vielleicht nie mehr beibringen.« Mark selbst hat in seiner etwa 30köpfigen Herde nur wenige Hengste, mit denen es aber nie größere Schwierigkeiten gab. Zwischen anderthalb und zweieinhalb Jahren werden die meisten Hengste bei ihm kastriert. Die von anderen beobachtete Änderung des Charakters beim Hengst im Alter zwischen drei und sechs Jahren konnte Mark nicht bestätigen. »Wenn man ihnen früh ihre Grenzen aufzeigt, dann gibt es auch später keine Probleme.« Lasse man den Hengst beispielsweise immer wieder an der Hand oder am Arm knabbern, dann werde er es eines Tages nicht beim Knabbern belassen, sondern beißen. »Alle Babys stopfen alles in den Mund. Auch Pferde nehmen viel über die empfindliche Partie am Maul wahr. Aber da kenne ich keinen Spaß. Wenn ein Pferd versucht, zu beißen, dann bekommt es einen kräftigen Stoß.« Aber man muss bei sehr jungen Pferden nicht gleich heftig reagieren. Manche nehmen einfach gerne etwas in den Mund, betasten es mit den Lippen oder nehmen es leicht zwischen die Zähne. In diesem Fall nimmt Mark Rashid das Verhalten auf und bietet ihnen etwas an, das sie in den Mund nehmen sollen. Er integriert das Verhalten ins Training, lenkt die Energie in etwas Positives um. Der Spaß hört aber, wie bereits erklärt, beim Beißen oder bei einem aggressiv geprägten Verhalten auf. Darauf muss eine eindeutige Reaktion erfolgen. Ein- oder zweimal gleich zu Anfang, dann ist die Lektion gelernt. Versäumt man diesen Punkt, willigt man in ein Spiel ein, das nur Verlierer kennt.

Besonders bei Hengsten – und auch bereits bei Hengstfohlen – wird ein solches Spiel schnell ernst. Hässliche und schmerzende Bisswunden an Armen und am Körper können die Folge solcher Inkonsequenzen sein.

Fortjagen würde Mark ein Fohlen nicht. Auch dann nicht, wenn es versucht zu beißen. Er hat beobachtet, dass Fohlen daraus das Falsche lernen. Die Lektion würde heißen: Ich muss weggehen. Stuten, so räumt Mark ein, verjagten sehr wohl schon einmal ihre Fohlen. Aber wir seien keine Pferde, und Pferde wissen das. Bis sie etwa einjährig sind genießen Fohlen in der Herde Narrenfreiheit. Sie tun, was sie wollen, rennen in alle hinein, kennen noch keinen Respekt. Quasi über Nacht ändert die Herde ihr Verhalten gegenüber dem Fohlen. Was gestern noch akzeptiert wurde, wird plötzlich sanktioniert. In der Regel, so Mark, hätten die jungen Pferde die Veränderungen innerhalb von 48 Stunden verstanden und verinnerlicht. Wer jetzt nicht vorsichtig und achtsam ist, riskiert einen Tritt oder einen Biss. Mark plädiert ausdrücklich immer wieder dafür, Hengste, wenn möglich, in der Herde zu lassen, vor allem die jungen Tiere. Dort lernen sie nicht nur den Verhaltenskodex unter Pferden, sondern generell, Grenzen zu respektieren. »Wenn wir einem Hengstfohlen keine Richtung geben, keine Orientierung, ihn verhätscheln, streicheln und es dabei belassen, ihn süß zu finden, dann wird er uns irgendwann durch die Gegend schubsen.« Pferde seien eben so. Mark Rashid macht sich nichts vor. Er weiß: Sie drücken mit ihrem Gewicht gegen etwas, um zu sehen, ob sie es bewegen können. Wenn ja, drücken sie wieder. Weicht es, dann überrennen sie es, denn es stellt kein Hindernis mehr für sie dar. Mark erlaubt es auch keinem Pferd, und sei es noch so klein und noch so süß, sich an ihm zu reiben. »Pferde reiben sich an Bäumen und Pfosten. Ich will nicht als Pfosten angesehen werden. Pferde versuchen immer alles, was sie sehen, in Bewegung zu setzen.« Auf den Einwand, dass sich im Herdenverband auch Rangniedere an Ranghöheren reiben, erwidert er trocken: »Ja, aber der Höhere bewegt sich nicht.« Aus seinen genauen Beobachtungen hat Mark gelernt, dass wir manchmal gar nicht merken, dass wir weggedrückt werden. Vielleicht wollen wir es auch nicht merken. Auf diese Weise entstünden viele spätere Probleme, erklärt er, vor allem mit dominanten Hengsten, die sicher sind, dass man ihnen ausweicht. »Und ein Hengst erkennt genau den Unterschied zwischen einem Baum, der sich nicht bewegen lässt und einem Menschen, den man leicht mit der Nase ein Stück zur Seite schubsen kann.«

Auch an dieser Stelle erzählt er von einer Begebenheit aus einem seiner Kurse. Noch während Mark einer Pferdebesitzerin die möglichen Folgen erklärte, die Schubsen und Überrennen haben können, legte ihr Pferd den Kopf auf ihre Schulter und drückte sie nach vorne. Mark war überrascht und machte sie darauf aufmerksam, was soeben passiert war. Sein Gegenüber lächelte und meinte: »Ja, aber er hat es doch wirklich sehr nett gemacht.«

Die entscheidende Frage lautet: Bewege ich ihn oder bewegt er mich?

Bewegt wird man ganz sicher dann, wenn ein Hengst zum Angriff übergeht. Das geschieht Gott sei Dank relativ selten. Die gefährlichste Waffe der Hengste sind ihre Vorderhufe. Bei den Kämpfen, die Wildpferde untereinander ausfechten, kann man das

gut beobachten. Mark Rashid sagt, dass Mustangs, die älter als fünf Jahre sind, kaum noch dressiert werden können. Bis dahin haben sie gelernt, Hengst zu sein, ihr Territorium zu verteidigen und sich gegen andere, auch gegen Menschen, durchzusetzen. Das Gleiche gilt eingeschränkt für domestizierte Hengste, wenn sie bis dahin keine Ausbildung bekommen haben und keine Grenzen kennen. Auf jeden Fall muss man vermeiden, sie in eine Verteidigungshaltung zu bringen. Wenn sie einmal glauben, dass es für sie gefährlich werden kann, wenn sie aufgeregt sind, nicht wissen, was passiert, dann kann die Lage brenzlig werden. Durch Gewalteinwirkung, etwa durch Schläge, verschlimmert man alles. Nur wenige können mit solchen Situationen umgehen. Mark Rashid erklärt, wie er bei gefährlichen Konfrontationen mit Hengsten reagiert: »Das Wichtigste ist natürlich, eine Konfrontation erst gar nicht entstehen zu lassen. Ich kenne nur wenige Hengste, die von sich aus, ohne Anlass, jemanden angreifen. Sie tun es, weil sie in Panik geraten oder weil sie früher so schlecht behandelt worden sind, dass sie immer glauben, sich ihrer Haut wehren zu müssen. Ich versuche, so wie ich es im Aikido gelernt habe, die Energie aufzunehmen und sie umzulenken. Natürlich verteidige ich mich mit allen in Frage kommenden Mitteln. Ich lasse mich nicht umrennen. Aber sobald man dem Hengst den Grund für seine Angst genommen hat, wird er sich wieder beruhigen.«

Es gilt also wieder einmal, so genau wie möglich zu beobachten. Ein Pferd ist kein Raubtier. Solange es flüchten kann, flüchtet es. Erst wenn das nicht mehr geht, greift es an. Oft muss man weit in die Geschichte eines Pferdes zurückgehen, um den Grund für Panikattacken und aggressives Verhalten zu finden.

So sitzt nur ein Cowboy auf einem Pferd. Mark Rashid bei einem seiner Kurse in den USA.

Mark Rashid erzählt eine spannende Geschichte aus einem seiner Kurse: »Das letzte Pferd am Ende eines langen Tages war ein Araber-Hengst. Man konnte ihn nicht kommen sehen, denn vom Platz aus war der Baum bestandene Weg nicht einzusehen. Aber man konnte ihn hören. Noch im Hänger schrie und trat er und machte so viel Wirbel, dass Staub aus den Fenstern des Hängers drang. Sein Besitzer hatte alle Mühe, ihn auszuladen, denn auch dabei stellte er seine Unarten nicht ein. Auf dem Platz stieg er und war kaum noch zu halten. Ich forderte den Besitzer auf, ihn ins Round-Pen zu bringen und ihn dort loszumachen. Das führte aber zu keiner Beruhigung, denn dieser große Araber-Hengst rannte in die Umzäunung und gebärdete sich immer wilder. Ich saß oben auf dem Rand des Round-Pen und beobachtete ihn. Er war zwar ein mächtiger Kerl, aber ich hatte das Gefühl, dass er eigentlich niemandem etwas tun wollte. Ich ging also mit Führstrick und Halfter hinein und stellte mich in die Mitte. Er stieg wieder, rannte ein paar Mal herum, aber ich bewegte mich nicht. Er stieg noch einmal, blieb dann stehen und schüttelte den Kopf. Schließlich rannte er knapp an mir vorbei, lief um mich herum an den Rand des Round-Pen, blieb dort stehen, beruhigte sich und senkte den Kopf. Es sah natürlich so aus, als sei ich ein Genie, obgleich ich nichts getan hatte. Ich hatte nur da gestanden.«

Genau darin lag das Geheimnis. Mark hatte nichts getan, er blieb ruhig. Damit durchbrach er das Verhaltensmuster des Hengstes, der so keinen Grund mehr hatte, wild durch die Gegend zu springen.

Nur wenn man ganz ruhig bliebe, behalte man einen klaren Blick, zieht Mark auch seine Schlüsse aus dem, was er im Aikido gelernt hat und bringt dass Beispiel einer ruhigen Wasseroberfläche am Morgen, in der man sich fast perfekt spiegeln kann. Bringe man hingegen Unruhe in das Wasser, etwa indem man einen Stein hineinwerfe, könne man nichts mehr klar erkennen. So geht es uns auch mit den Pferden. Eigene Unruhe verstellt uns den Blick für das Wesentliche. Wir stimmen in die Panik des Pferdes ein und verschlimmern sie.

Am nächsten Tag konnte der Araber-Hengst bereits geritten werden. Sein Besitzer Bill sagte, es sei das erste Mal in dreizehn Jahren gewesen, dass er auf- und absteigen konnte, wann er es wollte. Am letzten Kurstag ritt Bill den Hengst im Round-Pen. Nach einer halben Stunde sah Mark, dass der Araber begann, sich erneut zu verspannen. Er machte Bill darauf aufmerksam und bat ihn abzusteigen. Bill zögerte aber noch und Mark insistierte, denn er konnte klar erkennen, dass der Hengst sich sehr unwohl fühlte. Schließlich stieg er kurz und blieb stehen, als ob er nachdachte. Dann legte er sich ganz langsam hin, so dass Bill »abgestiegen wurde«. Wie sich herausstellte, hatte das Pferd Rückenschmerzen und der Sattel passte nicht.

Mark ist sich sicher, dass der Araber-Hengst sich bewusst dafür entschieden hat, eine Reaktion zu wählen, in der niemand gefährdet wird. Er hätte auch ganz anders reagieren können. Jedes Pferd braucht eine Chance!

Die Erwartung bestimmt die Reaktion. Wenn wir auf einen Hengst zugehen und Aggression befürchten, dann ist die Chance groß, dass es genau so kommt. Schaffen wir es aber, diese Erwartungshaltung zu ändern, ist die Wahrscheinlichkeit, dass uns der Hengst feindlich gegenübertritt, relativ gering. So lautet die Botschaft von Mark Rashid. »Du musst das Beste für das Pferd beabsichtigen, nicht das Beste für dich, dann wird alles einen guten Verlauf nehmen. Angst führt zu Unfällen und öffnet die Tür für alle möglichen negativen Entwicklungen.«

Hier spricht wieder die Erfahrung des Aikido aus Mark Rashid. Er sucht die guten Dinge auch bei den Pferden. Nicht, was ein Pferd nicht kann ist die Grundlage seiner Arbeit, sondern das, was es kann. Darauf baut er auf.

Vor zehn Jahren führte er einen Kurs in den USA durch. Er arbeitete mit einem Pferd, das viele Probleme machte. Nachdem er Reiter und Pferd eine Zeit lang beobachtet hatte, kam er zu dem Schluss, dass dem Pferd nichts beizubringen ist. Es zeigte alle Reaktionen und Bewegungen, die nötig waren. Aber es verstand nicht, was es wann tun sollte. Mark machte den Besitzer darauf aufmerksam und riet ihm, die Energie des Pferdes einfach anzunehmen, sich auf es einzustellen. Mark war sich nicht sicher, ob der Mann verstand, was er sagen wollte und hatte Angst, dass er aufgeben würde. Aber der Reiter hatte Mark genau verstanden. Er befolgte Marks Ratschlag und wie von selbst ergab sich plötzlich eine Harmonie zwischen ihm und dem Pferd. Der Kurs nahm ein gutes Ende.

Wenn Widerstände auftauchen, reagieren die meisten Menschen damit, auszuweichen. Mark fordert, dass wir uns den Widerständen bei der Arbeit mit Hengsten zuwenden und gemeinsam mit dem Pferd nach der besten möglichen Lösung suchen. »Ich gehe nicht direkt auf den Hengst zu und suche die Konfrontation, aber ich gehe in seine Energie hinein, versuche, sie aufzunehmen, Harmonie herzustellen und sie zu lenken. Aber niemals erlaube ich es einem Pferd, mir meine Richtung vorzugeben.« Der Begriff der Würde spielt in Mark Rashids Arbeit mit Hengsten eine große Rolle. Er will sie nicht erniedrigen, nicht klein und gefügig machen. Er möchte mit einem gleichberechtigten Partner in Übereinstimmung zu gemeinsamen Zielen gelangen. Das ist nicht der einfache Weg, aber der langfristig erfolgreichere.

Viele Hengste seien bei der Arbeit unsicher, erklärt Mark. Sie beginnen zu spielen und rufen all die Mechanismen ab, die sie aus dem Kontakt mit anderen Pferden kennen. Man könne den Hengsten diese Unsicherheit häufig leicht nehmen, in dem man sie einfach freundlich ermahne: »Nein, nein, nein! Lass das!« Erstaunlich ist, wie oft die Methode tatsächlich wirkt.

Ein großes Missverständnis liegt in unserer Auffassung darüber, welche Rolle Hengste in der Herde spielen. Sie seien nicht die wirklichen Führer, erläutert Mark. Das seien auch nicht die dominanten Stuten. Dominanz sei nicht gleichbedeutend mit Führung. Oft seien es in den Herden alte erfahrene Stuten, an der sich die anderen Pferde orientieren. Diese hätten es nicht nötig, andere herumzujagen und sich auf Rangkämpfe einzulassen. Sie seien akzeptiert auf Grund ihrer langen Erfahrung. »Sie kennen die besten Futterplätze, die Tränken, die gefährlichen Stellen. Sie brauchen nichts zu beweisen. Die Herde folgt ihnen. Hengste übernehmen nur in Gefahrensituationen die Führung. Viele glauben leider, dass sie bei der Arbeit mit Hengsten vor allem Dominanz zeigen müssen. Zeige lieber, dass man sich auf dich verlassen kann.«

Was die Frage der Hengsthaltung angeht, vertritt Mark Rashid eine eindeutige Meinung. Wer keinen Platz hat, wer nicht über die nötige Infrastruktur verfüge, der solle eben keinen Hengst halten. Hengste brauchen fast dringender als andere Pferde den sozialen Kontakt, aber sie brauchen auch den Platz, um anderen auszuweichen. Auf einem kleinen Paddock kann das nicht funktionieren. Das führt nur wieder dazu, dass der Hengst isoliert werden muss, weil die Verletzungsgefahr für ihn und andere zu groß ist. »Nicht jeder braucht einen Hengst und nicht jeder sollte einen haben«, meint Rashid. Dabei macht er es sich mit der Aussage nicht leicht. Verallgemeinerungen sind nicht seine Sache.

Eine gute Hilfe sei es, den Hengst vor dem Kauf genau zu beobachten. Nicht nur der übliche medizinische Check und das Probereiten auf dem Platz! Man solle sich Zeit nehmen und den Hengst in der Herde, beim Miteinander mit anderen genau beobachten. Sei er dort verträglich, halte sich an Spielregeln, dann werde er das auch bei seinen neuen Besitzern tun. Zeige er Auffälligkeiten und aggressives Verhalten, so werde sich das auch im neuen Zuhause fortsetzen und vielleicht sogar verstärken. Eine nachträgliche Sozialisierung, so Rashid, sei äußerst schwierig. Und nicht jeder hat zu Hause oder auf seinem Pferdehof die Möglichkeiten, die Rashid bei sich in Colorado hat. Dort befinden sich drei kleine Koppeln

Aufmerksam gelassen beobachten sich Pferd und Trainer. Keine Spur von Anspannung oder Druck ist zu erkennen, aber der Hengst ist mit seiner Wahrnehmung bei Mark Rashid.

mit sehr starken Zäunen. Wenn er einen neuen Hengst bekommt, stellt er manchmal einen erfahrenen Wallach in die Mitte zwischen dem neuen und einem alten Hengst. »Einmal bekamen wir einen, der wollte nicht aufhören, in die Zäune zu treten und versuchte, sie nieder zu rennen. Der Alte blieb dabei ziemlich ruhig. Ich schaute mir das ein paar Tage lang an, um zu sehen, wie sich die Dinge entwickeln würden. Gewöhnlich be-

ruhigen sich die neuen Hengste nach einer Zeit, aber nicht immer. Man muss Geduld haben. Wenn sie merken, dass das Treten in Zäune dem anderen Hengst nichts ausmacht, hören sie auf.«

Hat sich die Situation beruhigt, dann wechselt Rashid die Positionen und stellt den neuen Hengst in die Mitte zwischen Wallach und alten Hengst. Das Spiel beginnt von vorne, aber hat bereits an Heftigkeit verloren. Nach einer Woche oder zwei, so sind seine Erfahrungen, hat sich die Sache meist geklärt und man kann den Neuankömmling mit den anderen zusammen laufen lassen. Voraussetzung ist immer, dass die nötigen Einrichtungen, genügend Platz und ausreichend Erfahrungen vorhanden sind. Man sollte nicht anfangen, zu improvisieren! Ein normaler Zaun stellt für einen wütenden Hengst kein wirkliches Hindernis dar.

Seien die Hengste von jung an richtig sozialisiert, dann könne man auch einen Wallach und einen Hengst mit mehreren Stuten zusammen lassen, ohne dass es zu Problemen komme. Überhaupt keine Schwierigkeiten sollte es machen, einen Hengst mit Stuten zusammen zu lassen: »Eine alte erfahrene Stute fährt einen jungen Hengst ein paar mal richtig an, und beim nächsten Mal kommt er dann mit einem Strauß Blumen vorbei.«

Mark Rashid arbeitet natürlich am häufigsten mit Quarter Horses. Die kennt er am besten und bescheinigt ihnen, zu den ruhigen Vertretern ihrer Art zu gehören. Auch Araber hält er für relativ umgänglich. Rashid schränkt aber ein, dass diese Aussage nicht für alle Pferde gelte. Außerdem sei er nicht der Richtige für diese Frage, denn zu ihm kämen in aller Regel eben die schwierigen Pferde – unabhängig von der Rasse. Unter Friesenhengsten habe er jedoch schon wiederholt einige raue Exemplare beobachtet.

Keine Unterschiede hat Rashid zwischen deckenden und nicht deckenden Hengsten bemerkt. Es sei alles eine Frage

der richtigen Erziehung und des Umgangs. Seine Hengste würden dauernd decken und blieben doch ganz ruhig, wenn eine Stute vorbeigehe und es gerade nicht die Zeit zum Decken sei. Rashid wird jedoch nicht müde zu betonen, dass es immer auch ganz anders sein kann. Manche Hengste seien partout nicht zu handeln. Dann helfe manchmal nichts anderes, als eine Kastration. Auch Spätkastrationen schließt er dabei nicht aus. Auf einer Ranch, wo er häufig gearbeitet hat, gab es beispielsweise einen 20-jährigen Hengst, der zunehmend Probleme machte. Er wurde kastriert und nach drei Monaten war es ein anderes Pferd. »Kastrationen helfen fast immer, aber nicht immer. Die Hengste ändern danach nicht wirklich ihr Verhalten, aber es ist alles weniger intensiv, 90 Prozent weniger intensiv«, erläutert Rashid.

Im Pferdealltag bereiten Hengste eben mehr Probleme als Wallache und Stuten. Das fängt im Stall an, setzt sich beim Training und bei Kursen fort und endet bei gemeinsamen Ausritten. Hengstbesitzer sind mit ihren Tieren dort häufig nicht so gerne gesehen, denn man befürchtet Auseinandersetzung, Aufregung und Tretereien. Das läge jedoch nicht an den Hengsten, sondern an den Menschen, betont Rashid. Die Leute heute seien keine Profis mehr. Früher lebten sie den ganzen Tag mit ihren Pferden. Pferde waren das Haupttransportmittel. Es waren Beziehungen rund um die Uhr. Entsprechend selbstverständlich und professionell gingen die Menschen mit ihren Tieren um, so wie Mark Rashid noch heute. Er ist von Januar bis Oktober 24 Stunden am Tag mit seinen Pferden zusammen. Er reist mit ihnen, nimmt sie abends aus dem Trailer, füttert sie, legt sich im Truck schlafen und ist am nächsten Tag wieder mit ihnen auf der Straße. Ein durchschnittlicher Freizeitreiter hat keine Chance, so viel Zeit mit seinem Pferd zu verbringen – entsprechend lückenhaft muss seine unmittelbare Erfahrung bleiben.

Auch am Ende des Gesprächs bleibt Rashid seiner Meinung treu: Hengste sind auch nur Pferde! Selbst in den Mythen und Legenden, die sich um Hengste ranken, erkennt er zunächst einmal das Pferd. »Natürlich gibt es außergewöhnliche Hengste, aber es gibt genau so viele außergewöhnliche Stuten. Die Leute erzählen jedoch lieber von Hengsten als von Stuten oder Wallachen. Da fangen die Legenden an. Die Geschichten sind romantisch, weil sie von einem Hengst handeln.«

Rashid selbst besaß einen Hengst, der ungewöhnlich ruhig war. Jeder konnte ihn reiten. Beim Hufschmied brauchte man nicht mal einen Strick. Aber wenn es in die Arena ging, zeigte er eine unglaubliche Präsenz. Diese enorme Präsenz ist einer der Hauptgründe für die Haltung von Hengsten. »Dabei machen sie nur ihren Job. Es liegt in ihren Genen, zu beobachten, sehr aufmerksam zu sein und sich zu präsentieren.«

Wer diese Eigenschaften kennt und akzeptiert, wer sie beim Training für sich einzusetzen weiß, der wird mit Hengsten keine Schwierigkeiten haben. Auch Mark Rashid, der ansonsten Anderen nur ungern Vorschriften macht und nie ungefragt Ratschläge erteilt, vertritt hier eine klare Meinung: »Mit Hengsten musst du genau wissen, was du tust. Immer und sofort. Du hast keine Zeit, lange zu überlegen oder die Dinge mehrmals zu probieren. Die meisten Hengste verzeihen dir keinen Fehler. Je mehr Erfahrung man vorher sammeln konnte, desto besser. Du musst wissen, was passieren kann, musst Konzessionen machen und musst wissen, wann du keine machen darfst. Leute holen sich einen Hengst, haben keinen Plan und wundern sich dann, wenn alles schief geht. Plötzlich haben sie einen bösen Hengst. Aber das ist nie der Fehler des Pferdes, das ist immer der Fehler des Menschen. Manche sollten einfach keinen Hengst haben.«

Mark Rashid

kompakt

Marks markante Aussage: »Am besten, man behandelt einen Hengst wie ein Pferd«, bringt treffend auf den Punkt, dass unsere Erwartungen und Ängste einen großen Teil der Reaktionen des Hengstes bestimmen. Wir sollten mit aller inneren Ruhe das Beste für das Pferd herbeiführen wollen. Das erreichen wir am besten durch ein frühes Aufzeigen der Grenzen und der Vermeidung häufigen Körperkontaktes. Sehr wichtig ist, sich nicht wegschubsen zu lassen, sich nicht die Bewegungsrichtung aufdrängen zu lassen. Bei der Ausbildung setzt Mark auf das, was ein Hengst bereits kann und ihm leicht fällt. Gibt es Probleme, sucht er immer die Ursache, die, so Mark sarkastisch, wir am schnellsten dann fänden, wenn wir in den Spiegel sähen.

Spanische Hofreitschule Wien

Die Institution

Die Spanische Hofreitschule in Wien und die dort ausgebildeten Hengste, die Lipizzaner, sind von einem Mythos umgeben. Der Habsburger Erzherzog Karl II gründete 1580 das Hofgestüt Am Karst in der Nähe des Dorfes Lipica, heute in Slowenien gelegen. Die Habsburger Kaiser züchteten von da an aus spanisch stämmigen Pferden eine Rasse, die den Idealen der klassischen Reitkunst entsprechen sollte, den Lipizzaner. 1920 wurde die Zucht in die Steiermark, auf das Bundesgestüt Piber verlegt.

Von dort kommen die Junghengste vierjährig nach Wien, wo ein Bestand von circa 70 Hengsten täglich gearbeitet werden muss.

Neben der Zucht und der Erhaltung der Rasse liegt ein weiterer Schwerpunkt der »Spanischen« auf der Ausbildung junger Bereiter. Die mündlich überlieferte Tradition der klassischen Reitkunst wird von Generation zu Generation von den Ausbildern an die Eleven weiter gegeben. Erst nach vier bis sechs Jahren intensiver Ausbildung erfolgt gegebenenfalls die Ernennung zum Bereiteranwärter. Nach weiteren vier bis sechs Jahren, in denen der Schüler ein junges Pferd selbstständig bis zur Vorführungsreife ausbilden muss, kann der lange Weg mit der Ernennung zum Bereiter einen vorläufigen Abschluss finden.

Die Sorgfalt bei der Ausbildung von Pferd und Reiter sind das Markenzeichen der Wiener Hofreitschule. Sie bewahrt damit ein einmaliges Kulturerbe und stellt dem allgemeinen Trend im Pferdesport des »immer schneller und immer früher« eine Kultur des Bedächtigen und Sorgfältigen gegenüber. In Wien gilt die Erkenntnis des griechischen Feldherrn Xenophon: »Das Pferd gibt die Zeit vor.«

Die Krönung der Ausbildung ist schließlich die Präsentation als Solopferd entweder am langen Zügel oder unter dem Sattel in allen Gängen der Hohen Schule. Von den Reitern werden dabei ein perfekter Sitz und völliges Gleichgewicht verlangt, da Levaden, Kapriolen und Courbetten immer ohne Steigbügel vorgeführt werden.

Alle sechs Beine in der Luft und trotzdem nehmen Pferd und Reiter eine entspannte Haltung ein. Sorgfalt zahlt sich aus.

Zu den Personen

Ernst Bachinger

Leiter der Spanischen Hofreitschule – Bundesgestüt Piber

Ernst Bachingers Leben ist untrennbar mit der Spanischen Hofreitschule verbunden. Bereits sein Vater, Anton Bachinger, war mehr als 30 Jahre lang als Gestütsleiter und Bereiter in der Spanischen Hofreitschule tätig. So wundert es nicht, dass der Sohn 1959 ebenfalls als Eleve seine Ausbildung in Wien beginnt. Bis 1978 blieb er als Bereiter der Schule treu. Motiviert durch das Bedürfnis, »denen da draußen« zu zeigen, dass ein Bereiter der Spanischen Hofreitschule nicht nur in den eigenen vier Wänden reiten kann, wendete er sich dem Sport zu, trainierte erfolgreich amerikanische und englische Reiter, die es unter seiner Anleitung zu guten Platzierungen bei den Olympischen Spielen brachten. Die Verbindung von Sportreiten und den Belangen der Schule war ihm immer ein wichtiges Anliegen. Nach 24 Jahren schließlich führte ihn sein Weg zurück nach Wien, wo er heute als Leiter der Schule ein ehrgeiziges Ziel verfolgt: »Nicht wir müssen den Sport übernehmen – von der Spanischen muss was rausgehen!«

Ernst Bachinger (Mitte) und seine Bereiter in der großen Halle der Spanischen Hofreitschule in Wien. Der Prachtbau entstand zu Kaisers Zeiten.

Johann Riegler

Stellvertretender Schulleiter und Oberbereiter

Auf einem landwirtschaftlichen Betrieb mit Pferden aufgewachsen, ritt Johann Riegler schon mit zwölf auf seinem eigenen Pferd durch die Gegend. Er habe Pferde immer schon mit anderen Augen angeschaut, erzählt er. Die erste Reitstunde im Alter von 13 Jahren – zum ersten Mal auf einem richtigen Reitpferd – war dann der Beginn seiner reiterlichen Karriere. Der Reitlehrer machte ihm Mut, ließ ihn länger reiten, als er bezahlt hatte und machte ihm schließlich den Vorschlag, Berufsreiter zu werden. Er stellte auch den Kontakt zur Spanischen Hofreitschule her, wo Johann Riegler am 1. August 1969 nach erfolgreichem Vorreiten seine Lehre beginnen konnte.

Mit Oberbereiter Johann Riegler an der Spitze zeigen acht Lipizzaner der Spanischen Hofreitschule, was Gleichmaß bedeutet.

»Behutsam und sorgfältig«

Ernst Bachinger ist ein ruhiger und besonnener Mann. Früher glaubte er, Stuten seien für den Sport nicht geeignet und nur mit Hengsten seien gute Ergebnisse zu erzielen. Aber die Zeit belehrte ihn eines Besseren. Es gibt gute Stuten und schlechte Hengste, es gibt sogar Wallache, die ausgezeichnete Leistungen erbringen können. Eine andere Weisheit indes hielt der Erfahrung stand: »Wenn ein Hengst nicht will, dann hat er schon seinen eigenen Willen, dann will er halt nicht.« Ernst Bachinger ist geprägt von Hengsten, hat selbst vier Stück im eigenen Stall, wo es seiner Auskunft nach nie zu Problemen gekommen ist. An seinem Arbeitsplatz an der Wiener Hofreitschule gibt es ausschließlich Hengste. Für Ernst Bachinger ist es die natürlichste Sache der Welt, Hengste aufzuziehen und auszubilden. Seine bevorzugte Rasse, die Lipizzaner, haben einen besonderen Charakter. Sie sind einfach zu handhaben, zeichnen sich durch Kraft, Eleganz und Geschmeidigkeit aus und, für die Wiener Schule sehr wichtig, sind äußerst lernwillige, wenn auch spätreife Pferde.

Die ersten dreieinhalb Jahre verbringen die zukünftigen Schulhengste in ihrer Herde auf dem Bundesgestüt Piber. In Wien weiß man, dass die Bedingungen während der Aufzucht einen erheblichen Einfluss auf den Charakter und die körperliche Entwicklung der Hengste haben. Der Sozialisierung innerhalb der Herde wird deshalb größte Bedeutung beigemessen. Trotz aller Freiheit und Natürlichkeit wird so früh wie möglich der Sozialkontakt zwischen dem Fohlen und den Pflegern aufgenommen. Sobald es die Entwicklung erlaubt, muss es lernen, ein Halfter zu tragen. Das Führtraining und das Berühren an allen Körperteilen gehört ebenso zum frühen Lernprogramm. Der Aufbau von Vertrauen zu den Menschen und zu seiner Umgebung ist die Voraussetzung für das spätere erfolgreiche und stressfreie Leben in der Spanischen Hofreitschule.

Nach einem Monat beginnen die Fohlen, festes Futter im großen Laufstall zu sich zu nehmen. Mit fünf Monaten werden sie, wie man in Österreich sagt, abgespänt, also von der Mutter getrennt und kommen in nach Geschlechtern getrennte Herdenverbände. Die dann stattfindenden Rangkämpfe bedeuten eine neue Lektion im Leben der kleinen

In der Spanischen Hofreitschule in Wien versucht man, den Alltag der Lipizzanerhengste so abwechslungsreich wie möglich zu gestalten. Zwei Bereiter und ein Eleve beim Ausritt.

Hengste. Sie müssen Mut und Intelligenz zeigen und sich auf veränderte Situationen einstellen. Hier bilden sich die später benötigten Charaktereigenschaften heraus. Nur vier bis sechs Hengste schaffen pro Jahr den Sprung von der Steiermark nach Wien. Die Auswahl ist streng.

Auf den Almwiesen in etwa 1500 Meter Höhe schulen die heranwachsenden Hengste auf natürliche Art und Weise ihren Bewegungsapparat, werden gelassen und trittsicher. All diese Faktoren sind wichtig und das natürliche Lernen ist später nicht nachzuholen. Anders als beim Aufwachsen in einem Stall stärkt das Bergklima mit all seinen wechselnden Wettern das Immunsystem der Pferde. Von diesen in der Jugend gesammelten Vorräten an Gesundheit und Erfahrung profitieren die Hengste ihr Leben lang.

Mit dreieinhalb Jahren erfolgt die endgültige Auswahl für die Spanische Hofreitschule. Die Junghengste werden von der Herde getrennt und langsam auf ihre Reise in die Hauptstadt vorbereitet. Natürlich kennen sie bis dahin schon lange das Verladen auf einen Pferdetransporter. Diese Übungen gehören zu den Grundlagen in Piber.

»In der Spanischen gehen wir immer den eher langsamen Weg. Wir bilden die Pferde und die Reiter sehr behutsam und sorgfältig aus. Das ist uns das Wichtigste«, erklärt Ernst Bachinger die Philosophie der Schule. Die Junghengste kommen mit vier Jahren und sind erst nach sechs Jahren disziplinierter Ausbildung fertige Schulhengste. Die ersten beiden Jahre lernen die Hengste nur das so genannte »Geradeausreiten« in den Grundgangarten Schritt, Trab und Galopp und die Gänge im Kreis. Hierbei wird das Gleichgewicht geschult und der Hengst lernt, die Hilfen des Reiters zu verstehen. Zu einem Zeitpunkt, an dem im Sportbetrieb die Halter und Reiter von Sechsjährigen schon internationale Erfolge feiern, haben die Wiener Lipizzaner gelernt, wie man kontrolliert geradeaus und im Kreis läuft. »Wir haben hier viel Zeit«, erläutert Ernst Bachinger die Vorgehensweise. »Im Privatbereich hat man die nicht so. Das

Seit 1969 ist Johann Riegler bei der Spanischen Hofreitschule. Heute ist er Oberbereiter und stellvertretender Schulleiter.

hat der immer größere Druck im Sport mit sich gebracht. In Wien gehen wir den längeren und vorsichtigeren Weg und können so der Entwicklung jedes einzelnen Hengstes optimal Rechnung tragen.« In der Tat lernen die Hengste nicht in jeder Phase alle das Gleiche. Die Bereiter warten ab, was der Hengst anbietet und ob er intelligent genug ist, die Lektionen zu erfassen. Ernst Bachinger kennt das Geheimnis: »Die Kunst der Reiterei ist es, auf die Unterschiedlichkeit der Hengste eingehen zu können. Zu behaupten, ein Hengst sei stur, ist sehr einfach. Oft können sie einfach noch nicht das leisten, was wir von ihnen verlangen. Aber um das zu begreifen, braucht man ein paar Jahrzehnte Erfahrung.« Mit 20 Jahren hat Bachinger noch anders gedacht. Da hat er niemanden

Eine Schulquadrille der Spanischen Hofreitschule ist jedes Mal ein Erlebnis. Auch die Hengste haben ein sechsjähriges Training absolviert, bevor sie bei einer solchen Vorführung mitwirken können.

Kappzaum, Longe, Ausbinder und obenauf ein Schüler der Spanischen Hofreitschule, der seinen Sitz trainiert. Sechs Jahre dauert in Wien die Lehrzeit.

Bodenarbeit für Fortgeschrittene. Übungen mit den Hengsten am langen Zügel.

ernst genommen, der ihm etwas von unterschiedlicher Entwicklung, Zeit, Ruhe und Gelassenheit erzählen wollte. »Das kapierst du als junger Mann einfach nicht. Diese Erfahrung muss man selber machen.«

Wie auch so viele andere Erfahrungen, die zur täglichen Arbeit mit Hengsten gehören. Die Wichtigste ist laut Ernst Bachinger: »Ein Hengst ist immer ein Hengst. Auch wenn er immer lieb ist, hat er seinen eigenen Willen, und es kann vorkommen, dass er unversehens meint, sich gegen etwas wehren zu müssen. Deshalb sollten nur erfahrene Leute mit Hengsten arbeiten. Man muss zeigen, wer der Chef ist. Er darf es nicht werden, sonst …«

Ähnlich sieht das Johann Riegler: »Hengste sind Alphatiere. In erster Linie wollen sie sich vermehren. Das ist sehr stark ausgeprägt. Es gibt aber auch Hengste, die sind brav wie ein Wallach, bis ihnen irgendwann etwas in die Nüstern kommt. Deshalb

Die Bereiter der Spanischen müssen alle Übungen auch ohne Steigbügel reiten können. Bei der Kapriole sicher nichts für jedermann.

muss ein Hengst unbedingt gehorchen.« Riegler sieht in der Arbeit kaum Unterschiede zwischen Hengsten, Wallachen und Stuten – bis auf die Tatsache, dass Hengste meist etwas anderes im Kopf haben, als die Arbeit.

Johann Riegler plädiert deshalb dafür, dass Freizeitreiter sich nicht mit Hengsten plagen sollten. Um Spaß zu haben, könne man ebenso gut eine Stute oder einen Wallach reiten. Für die Arbeit mit Hengsten müssten Reiter wie auch Pfleger aus seiner Sicht Profis sein. »Zu viele Leute wollen einen Hengst haben, wollen zeigen, dass sie damit umgehen können. Und dann können sie es doch nicht, und es wird für andere gefährlich. Viele wollen nur beweisen, dass sie einen Hengst beherrschen können und arbeiten aus Profilierungssucht ihre Komplexe an dem Tier ab. Warum man einen Hengst haben muss, ist mir nicht klar.«

Besonders bei starken Hengsten mit viel eigenem Willen müsse man immer damit rechnen, dass er irgendwann auf einen losgehe. Der Reiter oder der Führer sei ein Gegner, so Riegler, den es eigentlich gelte, los zu werden. Schließlich wolle ein Hengst in erster Linie seine Herde zusammen halten und Stuten suchen. Jeder, der ihn daran hindert, läuft also Gefahr, als potentieller Störenfried den Unmut des Hengstes zu erzeugen. Johann Riegler spricht hier ausdrücklich von Privatpferden. In der Wiener Hofreitschule treten die beschriebenen Probleme nicht auf. Das mag an der sehr sorgfältigen und professionellen Ausbildung und bekannten friedlichen Charakter der Lipizzaner liegen.

Die beiden erfahrenen Reiter haben trotzdem natürlich schon kritische Situationen erlebt, in denen es darauf ankam, in Sekundenbruchteilen richtig zu reagieren. Für den

Oberbereiter Johann Riegler (rechts) zeigt, wie es geht: Nach getaner Arbeit gibt es eine Belohnung.

Freizeitreiter, ohne jahrzehntelange professionelle Erfahrung, stellt sich aber die Frage, wie man sich am besten auf brenzlige Situationen einstellen kann. Johann Riegler gibt dazu einige Hinweise: »Nie darf man mit einem Hengst nur mit Stallhalfter und Führstrick arbeiten. Ein Kappzaum oder ein Trensengebiss ist Voraussetzung. Dazu sollte man eine Longenleine nehmen, damit man beim Steigen Leine geben und ausweichen kann.« Handschuhe sind ebenso ein Muss, um die Gefahr von Abschürfungen und Verbrennungen zu vermeiden, wenn der Strick schnell durch die Hände gleitet. Als Reiter gelte es in erster Linie, Abstand zu anderen zu halten, um ein Steigen erst gar nicht zu provozieren.

Die Reiter und Pferde der Wiener Hofreitschule sind aufs Steigen trainiert. Bei der Courbette, eine der Lektionen der Hohen Schule, verlagert das Pferd sein Gewicht auf die Hinterhand, hebt die Vorderhand, steigt also, und muss auf der Hinterhand mehrere Sprünge vollführen. Steigen war deshalb früher auch für Ernst Bachinger kein Problem. »Privat hatte ich einen Hengst, der nur oben war. Das hat mich überhaupt nicht gestört. Heute bin ich da eher vorsichtiger. Spielen mit Hengsten sehe ich ziemlich kritisch.

Das könnten die missverstehen.« Dem Reiter empfiehlt er, sich in solchen Situationen auf sein Gleichgewicht zu konzentrieren und auch das Pferd nicht aus dem Gleichgewicht zu bringen. Sonst könnte der Hengst umfallen.

Betrachtet man aufmerksam die Fotos von Reitern auf steigenden Pferden, so bemerkt man, dass, wie bei den Gangarten auch, im Idealfall eine gedachte Linie durch den Reiter und den Schwerpunkt des Pferdes verläuft. Das Gleichgewicht bleibt somit erhalten.

Das »Weiße Ballett« ist ein reines Männerballett. Die acht Hengste sind bei der Arbeit völlig auf ihre Reiter konzentriert. Probleme untereinander tauchen nicht auf.

Eine andere Unart, mit der Hengsthalter sich auseinander setzen müssen, ist das Zwicken, das viele Hengste immer wieder versuchen. Bachinger und Riegler sind sich einig, dass man Zwicken bereits im Fohlenalter unterbinden muss. Ernst Bachingers betrachtet das Zwicken besonders kritisch, seitdem seine Frau beim Gurten im Stall von einem eigentlich sehr braven Hengst angegangen und gebissen wurde. »Das hätte ich nie geglaubt. Sie hatte ihm nur einen kleinen Klaps gegeben, weil er nach hinten geschnappt hatte.« So kann es gehen. Aus dem Zwicken wird ein Biss, und Hengstbisse können gefährliche Verletzungen verursachen. Wenn aber der Hengst schon als Fohlen lernt, dass man zwar ein anderes Pferd, nicht jedoch einen Menschen zwicken darf, dann ist das Unfallrisiko bereits deutlich gemindert. Wir dürfen nicht vergessen, welche schwierige Übung wir von unserem Hengst verlangen: Er soll uns als das bessere Pferd akzeptieren, darf uns aber nicht als solches behandeln. Um das zu verstehen, sind wir gut beraten, dem Hengst das Lernen so einfach wie möglich zu machen und nicht noch von ihm ein erhöhtes Differenzierungsvermögen zu erwarten.

Wenn Hengste gedeckt haben und besonders nach der Decksaison können sie im Umgang schwieriger werden. Das jedenfalls beobachtet man in Wien, von wo aus jedes Jahr ausgewählte Hengste aufs Gestüt nach Piber gebracht werden. Ernst Bachinger:

***Links:** Im völligen Gleichgewicht und im Schwerpunkt des Pferdes: Bei der Courbette ohne Steigbügel macht Johann Riegler eine gute Figur.*

»Das ist hier besonders schwierig, da sie sonst nie eine Stute zu Gesicht bekommen. Aber man darf es nicht verallgemeinern. Es ist eine Frage des Charakters. Der eine ist hengstiger als der andere. Es gibt auch Leute, die lassen ihren Hengst unter der Woche decken und fahren am Wochenende mit ihm auf Turniere.«

Lässt sich ein Hengst gar nicht mehr kontrollieren, wird er im Alltag zu problematisch, dann ist die Kastration meist der Ausweg. Johann Riegler hat damit gute Erfahrungen gemacht. Er ließ seinen 20-jährigen Hengst kastrieren, nachdem er einsehen musste, dass er als Vererber nicht die gewünschten Ergebnisse brachte und sich im Alltag immer sehr schwierig gebärdete. »Einmal hat er drei Tage lang durchgeschrien. Dann war er am Ende. Nach der Kastration wurde er sehr lieb. Bereits nach wenigen Tagen änderte sich sein Verhalten vollkommen. Er war ein komplett anderes Pferd. Im Nachhinein sehe ich, dass ich dem Hengst eigentlich 15 Jahre lang Schaden zugefügt habe. Er war immer eingesperrt und konnte nie das tun, was er wollte. Jetzt fühlt er sich wohl!«

Das Problem der Haltung und der sozialen Kontakte kennen alle Hengstbesitzer. Zwar sind Hengste einfacher, die von früh an in der Herde Rangordnungen kennen und akzeptieren gelernt haben, aber aus verschiedenen Gründen ist die freie Haltung auf der Koppel, gemeinsam mit anderen Pferden eben immer schwierig, weil es im Normalfall keine gewachsenen Herdenstrukturen gibt. Will man nicht züchten, kann man sie nicht mit Stuten halten. In der Kombination mit Wallachen oder gar Hengsten kommt es

zwangsläufig zunächst immer zu Keilereien, die gefährlich werden können, wenn es nicht genügend Platz zum Ausweichen gibt. Die Mehrzahl der Reitbetriebe und der Privatleute haben aber diesen Platz nicht.

In der Wiener Hofreitschule stehen die Hengste alle nebeneinander in Boxen. Aber auch hier, so räumt Johann Riegler ein, kann man nicht jeden neben jeden stellen. »Manche Hengste mögen sich einfach nicht – auch hier, wo es keine Konkurrenz um Stuten gibt. Sie kämpfen ewig rum und steigen.«

Bei den Vorführungen spielt das alles keine Rolle mehr. Unter dem Reiter oder an der Hand akzeptieren sie die veränderte Rangordnung. Das lernen Hengste sehr schnell.

Aber sie lernen es nur, wenn sie auch Gelegenheit dazu erhalten. Wir dürfen nicht erwarten, dass ein Hengst folgsam, brav und gehorsam ist, nur weil wir ihn mögen.

Mehr als andere Pferden braucht der Hengst Beschäftigung und Aufgaben. Tägliche Rituale müssen eingeübt und beibehalten werden. In der Wiener Hofreitschule beginnen diese Rituale am frühen Morgen mit dem Putzen des Pferdes. Hier wird bereits Sozialkontakt hergestellt und Vertrauen aufgebaut. Dann werden die Pferde gezäumt und gesattelt und auf das Training vorbereitet. Alles geht sehr sorgfältig vonstatten. Auch die Bereiter halten in Wien über das direkte Training hinaus den ständigen Kontakt zu ihren Pferden aufrecht, indem sie regelmäßig in den Stall kommen. Wer keine Zeit hat, sich intensiv und fast täglich mit seinem Hengst zu befassen, sollte den Rat von Johann Riegler beherzigen: »Wenn ein Hengst sich nicht vermehren soll, tut man ihm keinen Gefallen. Man tut niemandem einen Gefallen. Irgendwann will ich ihn, wenn er alt ist, auf eine Koppel geben. Aber wer nimmt einen 20-jährigen Hengst in seine Herde? Und schon wieder habe ich ein Problem.«

Auch das Argument, ein Hengst sei eben etwas Besonderes, lässt Riegler nicht gelten. »Mir ist das wirklich egal, ob es ein Hengst ist, welche Rasse und welche Größe. Ich habe auch keine intensiveren Kontakte zu dem Pferd, weil es ein Hengst ist. Hengste sind nicht intelligenter als andere Pferde. Sie sind aber schwerer zu konzentrieren.«

Trotzdem gibt es natürlich in der Wiener Hofreitschule ausschließlich Hengste. Denn dass sie sich anders präsentieren und mehr Ausdruck besitzen, bezweifelt niemand. Wer das »Weiße Ballett« jemals während einer Vorführung hat beobachten können, wer die Piaffen, Passagen, Courbetten, Kapriolen und Traversalen in höchster Perfektion bewundert hat, der weiß, warum es Hengste sein mussten.

Spanische Hofreitschule kompakt

Die Spanische Hofreitschule ist eine Institution. Hier werden Maßstäbe gesetzt, die Anderen zur Orientierung dienen. Sechs Jahre lang wird ausgebildet, bevor aus einem Hengst ein Schulhengst wird. In Wien wird der langsame, sorgfältige und behutsame Weg gegangen. Täglich wiederkehrenden Ritualen wird große Bedeutung beigemessen. Pferden und Reitern wird für ihre Entwicklung viel Zeit eingeräumt.

Linda Tellington-Jones

Zur Person

Linda Tellington-Jones gehört zu den wenigen Persönlichkeiten des Reitsports, die – immer auf der Höhe der Zeit – Trends setzen und deren Arbeit in vielen unterschiedlichen Disziplinen international ihren Niederschlag findet. Ihren Ruf begründete die erfolgreiche Reiterin vor allem mit der von ihr 1975 entwickelten TT.E.A.M. Methode. Basierend auf der Theorie von Moshe Feldenkrais ist diese Methode ein System von sanften manuellen Berührungen am Körper, gezielten Führtechniken und dem Gebrauch von lernfördernden Hindernissen. Seit Jahren behandeln Linda und die von ihr geschulten Trainer nicht nur mehr Pferde, sondern auch Hunde, Katzen und sogar Menschen.

Linda entwickelte ihre eigenen Theorien, genannt Tellington TTouch Training, und erzielte damit weltweite Anerkennung. Sie war schon früh erfolgreich bei 3-Tages-Turnieren, Hunter under saddle, Springen, Western, English Pleasure und hielt sieben Jahre lang den amerikanischen Rekord in der 100 Meilen Eintages-Endurance-Disziplin. In den oben genannten Disziplinen ritt und trainierte sie immer wieder auch Hengste. Ab 1960 betrieb sie mit ihrem ersten Mann, Wentworth Tellington, die Hemet Thoroughbred Breeding Farm und die Banath-Arih Farm. 1964 gründeten sie die »Residental school for riding instructors« mit Studenten aus neun verschiedenen Ländern. Sie war Gründungsmitglied der »California Dressage Society«, Mitglied des »Los Altos California Hunt Club« und eine anerkannte Richterin der »North American Trail Ride Conference«.

Heute lebt sie mit ihrem zweiten Mann Roland Kleger auf Hawaii, ist erfolgreiche Buchautorin, Ausbilderin und fast das ganze Jahr unterwegs von Seminar zu Seminar.

Linda Tellington-Jones gründete mehrere Ausbildungsstätten in den USA und erhielt dort zahlreiche Ehrungen, so den Western States Horse Expo Hall of Fame Award 2007, den Lifetime Achievement Award von der American Riding Instructors Association 1992 und war 1994 Horsewoman of the Year der North American Horsemen's Association. In Deutschland veränderte Linda Tellington-Jones gemeinsam mit Ursula Bruns die Freizeitreiterei nachhaltig und ist seit 30 Jahren regelmäßig Gast auf der Equitana in Essen.

Links: Garcon im Jahr 1990 unter Linda Tellington-Jones bei der Piaffe.

Rechts: Hungarian Brado zusammen mit Hungarian Nicak in Kansas City.

»Wir müssen den Hengst respektieren!«

Lindas reiterliche Karriere begann sehr früh. Bereits im Alter von dreizehn Jahren nahm sie an Hunter und Spring-Wettbewerben teil und ritt Pferde anderer Besitzer. Sie ist eine Grand Dame des Pferdesports und ihr Wort hat Gewicht, da sie in vielen Disziplinen und mit vielen verschiedenen Rassen langjährige Erfahrungen hat. Ihr Vorteil ist eindeutig: Man kann ihr nicht nachsagen, dass sie von diesem oder jenen eben keine Ahnung habe, wie das so oft geschieht, wenn Methoden oder Theorien kritisiert werden. Sie kennt die Schwierigkeiten des Distanzreitens ebenso gut wie die Anforderungen des Springens, der Dressur, Vielseitigkeit, des Western-Reitens oder des Fahrens. Durch ihren ersten Mann erhielt sie sogar eine klassische Ausbildung in der Kavallerie-Reitkunst.

Außerdem war sie eine anerkannte Ausbilderin im Juniorenbereich. Und nach all den Jahren und den vielen, vielen Pferden, die durch ihre Hände gegangen oder die sie unter dem Sattel hatte, ist ihr Credo was Hengste angeht unmissverständlich: »Ich erwarte, dass ein Hengst sich gut benimmt und mich ohne Angst und ohne Anwendung von Gewalt respektiert. Auch ich würdige und respektiere die Individualität jedes Pferdes. Ich möchte, dass ein Hengst – ebenso wie eine Stute oder ein Wallach – Freude daran hat, geritten zu werden. Er soll es so genießen wie ich.« Auf dieser Geisteshaltung beruht die gesamte von Linda entwickelte Methodik zum Umgang mit Hengsten.

Sie ist der Meinung, dass, wenn überhaupt, nur Menschen mit langer Pferdeerfahrung und großem Wissen Hengste halten sollten. Von wenigen Ausnahmen abgesehen, wo Hengste gebraucht werden, wie im Zirkus oder in Pferdeshows, hält Linda die Kastration für den besseren Weg. »Wer nicht züchtet, wer nicht in den sportlichen Wettbewerb will, der braucht keinen Hengst.« Linda glaubt, es sei im Normalfall einfach nicht fair, ein Pferd als Hengst zu halten, da man ständig wachsam und sich ihres instinktiven, Testosteron gesteuerten Verhaltens immer bewusst sein müsse. Sie selbst hat Hengste trainiert und geritten, die heute zum Decken gehen und am nächsten Tag ohne Probleme neben einer rossigen Stute reiten können. Das geht natürlich nur, wenn der Hengst in den wichtigen Prägejahren richtig behandelt und ausgebildet wurde. »Hengste können einen sehr starken Willen haben. Aber darauf mit Aggression zu reagieren und unfair zu werden, wird ihren Widerstand nur steigern. Klare und faire Grenzen müssen zu jeder Zeit aufrechterhalten werden.« Das wichtigste ist für Linda, dass mit einem Hengst regelmäßig gearbeitet wird, dass er Kontakt zu anderen Pferden hat und dass er durch viel Abwechslung im Tagesablauf glücklich und zufrieden bleibt.

Links: Der Vollblutdeckhengst Fault Free 1960 unter Linda Tellington-Jones. Rechts: Der sechsjährige Hengst Hungarian Jergyes unter Linda Tellington-Jones. Linda gewann mit ihm den 100-Meilen Drei-Tages-Distanzritt in der Leichtgewicht-Klasse in Virginia.

Bei Turnieren etwa, bei denen Junghengste das erste Mal in der Öffentlichkeit vorgestellt werden, sind sie naturgemäß aufgeregt. Sie entsprechen noch nicht der Erwartung, völlig gelassen selbst neben einer rossigen Stute ganz ruhig zu stehen. Im Gegenteil: Sie nehmen den Kopf hoch, präsentieren sich und schachten aus. »Leider bestrafen viele Leute ihre Hengste für solches Verhalten«, erklärt Linda und fügt hinzu: »Sie werden dann nur noch aufgeregter.« Einen Trick, um sie wieder zu beruhigen, hat sie zum ersten Mal bei Distanzritten mit ungarischen Hengsten angewandt und kann sich nicht erinnern, woher sie ihn kannte. Man nimmt den Kopf runter, schiebt den Finger in die Seite des Pferdemauls, dort wo keine Zähne sind, klopft leicht auf die Zunge und berührt den oberen Gaumen. Normalerweise beruhigt sich der Hengst und fährt den Penis wie auf Kommando wieder ein. »Ich habe das oft gemacht. Die Leute haben gestaunt und wollten es nicht glauben. Früher habe ich es einfach so getan und nicht gewusst, warum es funktioniert. Heute weiß ich es.«

Die Therorie basiert auf der wissenschaftlichen Erkenntnis, dass Berührungen in und an der Maulpartie des Pferdes direkten Einfluss auf das lymbische System im Gehirn haben. Von dort werden die Emotionen gesteuert. Eine Situation wie die oben beschriebene ist eindeutig für den Hengst emotional beherrschend. Folglich muss die Einwirkung, dem Prinzip von Ursache und Wirkung gehorchend, beruhigend auf das emotionale System erfolgen. Einen aufgeregten Hengst durch laute Stimmen, eigene Hektik oder harte disziplinarische Maßnahmen beruhigen zu wollen, entpuppt sich beim ersten ernsthaften Gedanken, den man sich darüber macht, als Schuss, der nach hinten losgehen kann. »Die Hengste spüren unsere Erwartungen und die uns dominierenden Gefühle ganz direkt auf verschiedenen Ebenen: Der Herz-Ebene, der Zell-Ebene und der Bild-Ebene.« Linda ist davon überzeugt, dass sich unsere Erwartungen als Bilder in den Kopf eines Tieres projizieren. Die Erfahrung vieler Pferdetrainer spricht dafür. Die meisten berichten, dass es völlig unmöglich sei, sich vor einem Hengst zu verstellen. Sie nehmen unsere Ängste und Befürchtungen ebenso ungefiltert wahr, wie unsere Hoffnungen und unsere Freude. Das Visualisieren bestimmter Situationen und Verhaltensweisen also kann durchaus erfolgreich sein, wenn es echt ist. Visualisierung hat sich längst aus dem Dunstkreis fragwürdiger Esoterik verabschiedet. In vielen teuren Managerseminaren wird die Methode gelehrt, Wirtschaftsunternehmen nutzen sie weltweit zur Umsetzung ihrer Ziele. Warum also sollte es bei Hengsten nicht wirken? Aber noch einmal: Voraussetzung ist der wirkliche Respekt für das Tier. Das ist der Schlüssel zum Erfolg. Als Beispiel führt Linda ihren Hengst Hungarian Brado auf.

Im July 1970 war er in den hoch angesehenen »Top Ten« platziert. Das sind die ersten zehn von 127 gestarteten Pferden, die das Ziel erreichen. Am nächsten Wochenende gewann er das »Open Jumping Gamblers Stake« bei der Oakland International Horseshow und das »Hunter Class ridden sidesaddle«. Damals war Hungarian Brado zehn Jahre alt und es gab trotz aller Erfolge ein Problem mit ihm. Er war für das amerikanische nationale Springteam nominiert, konnte aber nicht teilnehmen, weil er partout nicht dazu zu bewegen war, einen Graben zu überspringen. Linda ging mit ihm zum Turnier in Pebble Beach, California. Das ist ein inter-

Zwei Wochen nach einem 100-Meilen Ein-Tages-Distanzritt startet Hungarian Brado unter Linda Tellington Jones hier bei einer »Open Hunter Class« bei der »Oakland Horseshow« in Kalifornien.

nationaler Military-Kurs, der berühmt für seine natürliche Gräben ist. Im Übungsdurchgang lief alles hervorragend, bis sie an den Graben kamen. »30 Meter vor dem Graben nahm er den Kopf hoch und bremste. Das Pferd bewegte sich nicht vorwärts. Ich saß ganz ruhig, entspannte mich, kratzte ihn beruhigend am Hals und an der Hinterhand, ließ ihn aber weder zurück noch seitwärts ausweichen. Ich visualisierte voller Vertrauen, wie Brado ohne Angst über den Graben springt. Nach vier Minuten ging er einfach vorwärts und sprang über den Graben. Seitdem hatte er nie wieder Probleme damit.«

Wie viele andere hat auch Linda Tellington-Jones ein Faible für Hengste: »Ich reite gerne Wallache, aber Hengste haben meist mehr Persönlichkeit.« Diesen starken Persönlichkeiten muss man im Pferdealltag Tribut zollen. Sie brauchen ein intaktes soziales Umfeld. Der Kontakt zu anderen Pferden ist für sie essentiell und widerspricht der immer noch häufig zu beobachtenden Praxis, Hengste zu isolieren. Man muss bereit sein, sich der Herausforderung Hengst zu stellen. Linda sieht das so: »Nicht gut erzogene Hengste können geistig sehr unflexibel sein und arbeiten nicht mehr, wenn sie müde oder gelangweilt sind. Testosteron gesteuerte Hengste, misshandelte, oder solche mit einem sehr stark ausgeprägten Willen, die den Anweisungen des Reiters nicht mehr nachkommen, können für Menschen, andere Pferde und Tiere sehr gefährlich werden.«

Erziehung fängt deshalb beim Fohlen an. Linda, die zeitweise 70 Fohlen auf ihrem Gestüt hatte, nimmt so früh wie möglich Kontakt zum Neugeborenen auf. Nach der Nabeldesinfizierung berührt sie ganz ruhig das junge Pferd am ganzen Körper. Sie legt Wert darauf, dass dies kein Imprinting sei. Beim Imprinting sieht sie die Gefahr, dass Fohlen keine Grenzen kennen lernen. Trotzdem versucht Linda natürlich sehr früh, Vertrauen zwischen sich und dem Fohlen herzustellen. Dabei vermeidet sie es, dass sich so etwas wie Unterwürfigkeit im Verhältnis zwischen dem Pferd und dem Menschen einstellt. »Ich will ihr Interesse wecken und Vertrauen lehren, ihre natürliche Neugier nutzen und ihnen helfen, ihre instinktive Angst zu mildern. Wenn sie mich sehen sollen sie denken: Wer bist du denn? Du siehst interessant aus!«

Linda hat mit vielen Fohlen gearbeitet, die die ersten vier bis sechs Monate nie berührt wurden. Auch das funktioniert, denn die jungen Tiere lernen sehr schnell. Sie würde sogar lieber mit Pferden arbeiten, die nie Kontakt hatten, als mit solchen, die keine Grenzen kennen, weil sie als Fohlen verhät-

Linda Tellington-Jones und Studenten der Pacific Coast School of Horsemanship bei einem Springturnier in Kansas City im Jahr 1969. Linda reitet den Hengst Hungarian Brado.

schelt wurden. Aber Linda zieht eindeutig generell den sehr frühen Kontakt zum Fohlen vor. »Wie oft und wie intensiv wir mit ihnen arbeiten müssen, hängt sehr von der Rasse ab und davon, was wir später von ihnen erwarten.

Isländern zum Beispiel geht es besser, wenn unregelmäßig mit ihnen gearbeitet wird bis sie vier Jahre alt sind. Vollblüter hingegen werden bereits mit einem Jahr geritten, Quarter-Horses sind unglücklicher Weise mit zwei Jahren unter dem Sattel und mit vier Jahren nicht selten völlig ruiniert. Aber mit diesen Rassen muss man deshalb schon sehr früh arbeiten. Es ist sehr hilfreich für ein junges Pferd, zu lernen, ruhig zu stehen, mitzukommen und zu dir zu kommen – das alles ohne Angst. Man sollte ihr Interesse wecken, damit sie gerne beim Menschen sind.«

Was aber, wenn man einen Dreijährigen bekommt, mit dem so gut wie noch nie gearbeitet wurde? Linda hat 19 Jahre lang in Wyoming Jungpferde auf der »Bitterroot Guest Ranch« in Dubois eingeritten, die erst wenige Male Kontakt zu Menschen hatten. »Nach einer Woche sanftem TTEAM Training haben diese drei- und vierjährigen Pferde gelernt, sich ruhig zwischen Hindernissen am Boden und über ihrem Kopf hindurch führen zu lassen, arbeiten in Gruppen am Boden, tragen einen Sattel und traben, ohne zu buckeln oder durchzugehen. In der zweiten Woche werden sie bereits geritten.«

Eine von Lindas Trainingsmethoden ist es, mit jungen Pferden immer in Gruppen zu arbeiten, so dass sie sich nicht alleine fühlen, bis sie gelernt haben, einem Menschen zu vertrauen. Diese Herangehensweise unterscheidet sich von der herkömmlichen Art, wo junge Pferde in langen Trainingseinheiten von häufig zu schweren Reitern müde geritten werden. Solche Übungen können diese körperlich und mental noch unreifen Pferde nicht überstehen. Es besteht die Gefahr, dass sie gebrochen werden.

Weil Junghengste im Alter von drei Jahren häufig anfangen, ihr Gegenüber, sei es ein anderer Hengst oder einen Menschen, ernsthaft zu testen, ist es wichtig, das Basistraining vorher abgeschlossen zu haben. Bis dahin kann man sie meist auch gefahrlos beisammen stehen lassen. Erst wenn aus dem spielerischen Geplänkel kämpferischer Ernst wird, sollte man sie trennen.

Zwar hat Linda auch schon einem Zweieinhalbjährigen mal den Sattel aufgelegt und ist aufgesessen, aber sie bevorzugt es, abhängig von der Rasse, mit der reiterlichen Ausbildung zu warten, bis sie drei oder vier Jahre sind. Linda empfiehlt Übungen der Tellington-Methode, die »Spielplatz für Höheres Lernen« genannt werden. Hierbei werden die Balance, die Konzentration und die Kooperation trainiert. Bereits mit Jährlingshengsten kann man in kurzen Einheiten dieses Training durchführen. »Aber man muss der Entwicklung der Beziehung viel Raum geben. Eine gute Beziehung ist bei der Arbeit mit Hengsten wirklich wichtig.«

Sie ist eine Verfechterin des Körperkontaktes. Mit ihren TTouches will sie Hengste an jeder Stelle ihres Körpers berühren können. Allerdings weiß sie, dass Vorsicht geboten ist, denn bei Hengsten sollte man nicht eine allzu entspannende Körperarbeit machen. »Eine sehr beruhigende Körperarbeit kann einen Hengst dazu bringen, seinen Penis auszuschachten und zu masturbieren. Deshalb sollte man bei Hengsten nicht zu sanfte und zu langsame Bewegungen machen.«

Linda lernte diese Lektion vor vielen Jahren auf einer Pferdeshow mit dem jungen Hengst »Hungarian Nichok«. Am Ende des Tages war der Hengst etwas müde, hatte aber noch eine Springübung zu absolvieren. Linda stand vor ihm und machte TTouches an seinen Ohren, um ihm zu helfen, neue Energie aufzubauen. Das Pferd genoss es und stand ruhig mit gesenktem Kopf und halb geschlossenen Augen. Zu ihrer Verlegenheit machte der Hengst plötzlich einen Buckel und begann, zu masturbieren. Daraus hat sie gelernt, dass man beim Hengst etwas schneller arbeiten muss. Schneller, aber nicht minder intensiv und einfühlsam. »Ich habe so viele fantastische Hengsttrainer bei der Arbeit beobachtet – Frederic Pignon, Fredy Knie, Richard Hinrichs. Es ist so schön, diese engen Beziehungen zu sehen. Und warum sollte man den Hengsten nicht die Zuwendung über Berührung geben?«

Die Meinung mancher Trainer, man solle Hengste wenig berühren und unbedingte Dominanz walten lassen, ist weit verbreitet und hält sich hartnäckig. Bei Nichtbeachtung seien die Ergebnisse Pferde, die keine Distanz hielten, keinen Respekt hätten und deshalb aggressiv und gefährlich würden. Zwar ist auch für Linda ein Pferd kein Kuscheltier und sie weiß einem Hengst sehr wohl die Grenzen aufzuzeigen, aber sie ist, was Berührungen angeht, anderer Meinung.

Für aggressive Hengste hat sie eine spezielle TTouch Technik entwickelt, die sie »Taming the tiger«, »Zähme den Tiger« nennt. Viele Male hat sie die Technik auch bei sehr gefährlichen Hengsten bereits erfolgreich angewendet. Bei der Arbeit mit einem 22-jährigen australischen Vollblut Zuchthengst wurde sie von einem Fernsehteam begleitet. Seitdem er zwei Jahre alt war hatte er immer wieder Menschen attackiert und die Fernsehleute fragten sich, wie Linda wohl mit diesem Pferd arbeiten würde. 15 Minuten dauerte die Show, dann stand der Hengst mit halb geschlossenen Augen und tiefem Kopf ganz ruhig und ließ sich am ganzen Körper anfassen. Weil Linda die »Taming the tiger-Methode« anwandte, war es ihr möglich, den Hengst zu berühren, ohne dass er sie angreifen konnte. Das Pferd war sehr verspannt und empfindlich. Aber am Ende der Übung wurde er deutlich ruhiger und entspannter, vor allem im Nackenbereich. Nun lassen sich unruhige und erst recht aggressive Hengste nicht so ohne weiteres am Kopf und an der Mundpartie berühren. Bei der »Taming the Tiger-Methode« kann er nicht beißen und der Trainer kann in sichererm Abstand arbeiten. Wer nach dieser Methode arbeiten möchte, sollte sie aber unbedingt vorher mit einem sicheren Pferd üben, bis alle Handgriffe sitzen. Linda hat herausgefunden, dass TTouches im Maulbereich eines nervösen und überreagierenden Hengstes sehr hilfreich sein können. Sie erklärt, warum es funktioniert: »Alle Berührungen um das Maul herum haben Einfluss auf das lymbische System, das auch der Sitz der Emotionen des Lernzentrums im Gehirn ist. Pferde, die aufgeregt und aggressiv sind, können nicht lernen, da sie sich nicht konzentrieren können. Durch die TTouches können sie sich entspannen und sind so in der Lage, ihre Konzentration auf mich zu richten.«

Trotz aller Technik ist der Erfolg aber letztlich auch eine Frage der inneren Haltung. Linda ist mit Herz und Seele bei den zu

Linda Tellington-Jones bei einem Springturnier in Kansas City im Jahr 1969 auf dem sechsjährigen Hengst Hungarian Nichok. Ihre Partnerin ist Lynn Blades, die den achtjährigen Hungarian Brado reitet. Brado wurde zu dieser Zeit zum Decken eingesetzt, benahm sich aber anderen Pferden gegenüber niemals aufdringlich oder aggressiv.

behandelnden Pferden. Linda fühlt, dass ihr Erfolg bei der Kontaktaufnahme und der Vertrauensbildung mit Pferden daher rührt, dass sie das Individuum und seine Seele würdigt.

Die Auswirklungen der TTouch Methode wurden mittlerweile auch wissenschaftlich untermauert. Messungen ergaben, dass sich die Herzfrequenz während der Behandlungen deutlich beruhigt. Linda nennt das »In Balance bringen«, um die Kooperationsbereitschaft der Pferde zu erhöhen.

Eine der Herausforderungen bei der Arbeit mit Hengsten ist ihre natürliche Neigung zu steigen. Wenn sie gemeinsam mit anderen Jungpferden aufwuchsen, haben sie das Steigen spielerisch miteinander geübt. Gewöhnen sie sich später das Steigen beim Führen an, ist das nur schwer wieder zu ändern. Arbeite man mit einem jungem Hengst aber am Boden im Tellington-Spielpaltz für Höheres Lernen mit Hindernissen, einem Labyrinth und Führern an beiden Seiten, so Linda, lernten sie, sich zu konzentrieren und könnten eine Balance entwickeln, bevor sie je geritten würden. Auch Hengste, die sich das Steigen bereits angewöhnt haben, kann man mit der beschriebenen Methode wieder umerziehen. Das beidseitige Führen sollte man

ebenfalls vorher ausreichend mit einem braven Pferd in einem sicheren Umfeld üben.

Beim so genannten Labyrinth liegen vier Meter lange Stangen am Boden und markieren einen Weg, den der Hengst zurücklegen muss. Dabei wird er mit zwei langen Führseilen von zwei Personen an jeder Seite geführt. Wenn er von zwei Seiten durch Hindernisse geführt wird, werden beide Gehirnhälften angesprochen, was sein gewohnheitsmäßiges Verhalten verändern kann. Durch eine von Linda in Zusammenarbeit mit dem »Biofeedback Institute of Boulder Colorado« durchgeführten EEG-Studie wurde herausgefunden, dass beim Herumführen im Labyrinth die so genannten Beta Gehirnwellen aktiviert werden, die beim Menschen für das logische Denken zuständig sind.

Linda hat über die Jahre viel Erfahrung mit potentiell gefährlichen Hengsten sammeln konnen. Ein Beispiel ist ein Morgan-Deckhengst, bei dem Linda um Hilfe gebeten wurde, nachdem er auf dem Gang zum Paddock eine Helferin attackiert hatte. Das war ein sehr ungewöhnliches Verhalten für den Hengst und Linda wurde um Rat gefragt. Schnell fand sie heraus, dass die neue Helferin dem Hengst beim Führen den Ellbogen gegen den Nacken gedrückt hatte, aus Angst, er käme ihr zu Nahe. Außerdem hatte sie ihm mit der Gerte auf die Vorderbeine geschlagen, um ihn daran zu erinnern »wer der Boss sei«. Wenn ein Hengst so geführt wird, kann sein Kampfinstinkt geweckt werden. Mit einem anderen Helfer und der richtigen Führweise konnte der Hengst wieder problemlos gehandhabt werden. Andere Fehler beim Führen und Halten von Hengsten können ebenfalls zu Gefahren führen. So mögen sie es nicht, eng am Kopf gehalten zu werden.

Ein anderer Fall, wo Linda erfolgreich ihre »Tame the tiger-Methode« anwandte, war der eines Zweijährigen, der nach jedem trat und biss. Linda wurde von dem berühmten Jockey und Trainer Willy Shoemaker zur Santa-Anita Galopprennbahn gerufen, um mit dem Hengst zu arbeiten, der Tags zuvor den Tierarzt durch Ausschlagen verletzt hatte. Das Tier ließ sich nicht mehr am Widerrist anfassen. Nur durch sehr respektvolle und vorsichtige Körperarbeit ließ er sich beruhigen. Linda gelang es, den Hengst nach einer Stunde so weit zu beruhigen, dass er sich wieder überall anfassen ließ. Er reagierte nicht mehr aggressiv und berührte Linda sanft mit der Nase. Linda glaubt, dass eines der großen Probleme mit jungen Hengsten, die auf Rennen geritten werden ist, dass die Trainer sie immer unter »Strom« haben wollen. Deshalb können sie sich im Training nicht wirklich verausgaben. Zusätzlich bekommen sie Kraftfutter und andere Nahrungsergänzungsmittel, die ihre Energie steigern sollen. »Sie trainieren sehr wenig. Oft nur eine Stunde am Tag unter dem Reiter. Andere Übungen werden kaum gemacht. Dann kommen sie sehr jung auf die Rennbahn und hatten vorher keine vernünftige Ausbildung. Das führt zu einem hohen Stresslevel.« Linda kann viele Beispiele aufführen, bei denen ihre Methode geholfen hat. Ein sehr

Der Warmbluthengst Garcon gewann im Jahr 1990 den Grand Prix und den Grand Prix Special bei den Dressurmeisterschaften in Stuttgart und wurde während der Meisterschaften täglich mit TTouches behandelt. Das Bild zeigt Linda mit dem Besitzer des Hengstes, dem bekannten Dressurreiter Klaus Balkenhol.

Linda Tellington-Jones auf dem Araberhengst Lothar in filmreifer Hollywoodkulisse.

markantes Erlebnis hatte sie mit dem Dressur Warmbluthengst Matador. Kira Kyrklund, die damalige Besitzerin von Matador, bat sie, mit dem Hengst ein paar Tage lang vor dem Hamburger Dressurchampionat zu arbeiten. Er hatte Schwierigkeiten mit den Traversalen, weil er die Hoden nicht mehr hochziehen konnte und sie so weit unten hingen, dass sie ihm gegen die Innenseite der Hinterbeine schlugen. Linda hatte bei ihrer Arbeit festgestellt, dass der »Dreifache Erwärmer Meridian«, der von den Ohren, über den Hals zu den Vorderbeinen verläuft, einen Einfluss auf die Fruchtbarkeit hat. Sie war sicher, durch die Aktivierung seines eigenen Heilpotentials auch die Hoden aktivieren zu können, so dass er sie wieder hochziehen konnte. Ihrer Meinung nach hatte die Art und Weise, wie der Hengst geritten worden war, den »Dreifachen Erwärmer Meridian« (THM) beeinflusst. Durch zu viel Versammlung war Matador im Nacken völlig verspannt. Linda arbeitete mit kreisenden Berührungen an den Ohren und am Nacken, um den THM zu aktivieren und machte TTouches an den Hoden. »Ich konnte so die Verbindung wieder herstellen. Danach bin ich ihn geritten und die Hoden zogen sich hoch. Drei Tage später gewamm er den Grand-Prix.«

Linda hat gute Erfahrungen mit Alternativen für Hengste gemacht, die in Boxen gehalten werden müssen und die kaum einmal auf die Weide kommen und deshalb auch kaum Sozialkontakte aufbauen. Manchmal half Musik. Einem Hengst in Deutschland band sie einen Cassettenrecorder ans Halfter. Die Ohrhöhrer waren so nah wie möglich an den Ohren festgeklebt. So lange die Musik lief stand er ganz ruhig und entspannt. Sonst konnte ihn in der Box nichts beruhigen. Linda beobachtete, dass Lautsprecher im Stall keine vergleichbare Wirkung haben. Eine weitere Möglichkeit ist es, die Wände im Stall mit Landschaftsmotiven zu bemalen. Die Farben haben offenbar auch eine beruhigende Wirkung auf die Pferde. Das Wichtigste aber sei, dass die Hengste andere Pferde und alle Aktivitäten im Stall sehen und beobachten könnten.

Noch nie hat Linda zwei erwachsene Hengste zusammengestellt. Selbst die Kombination aus Hengst und Wallach kann sie sich nur schwer vorstellen, es sei denn, die Pferde würden sich sehr, sehr gut kennen und die Halter seien erfahrene Leute.

Zum Abschluss des Gesprächs erklärt Linda Tellington-Jones noch einmal ihre Grundeinstellung zum Umgang mit Hengsten: »Man muss klar, konsequent und fair mit ihnen umgehen. Wenn jemand außerdem die Seele des Tieres würdigt, kann sich eine fast magische Verbindung und ein tiefer gegenseitiger Respekt einstellen – die Grundlage für eine sehr außergewöhnliche Beziehung.«

Linda Tellington-Jones

kompakt

Die Würdigung und der tiefe Respekt für das Pferd stehen im Mittelpunkt ihrer Arbeit. Durch die von ihr entwickelte TTouch-Methode, die auch im Training eingesetzt wird, gelingt es ihr, auch mit sehr unruhigen Pferden arbeiten zu können. Abwechslung und Freude beim Training sind für Linda essentielle Grundlagen. Durch Visualisierungen versucht sie erfolgreich, ihre Hengste zur Kooperation zu bewegen.

5

Fazit

Was sind die wichtigsten Kriterien? Worauf kann man verzichten? Wo lauern die größten Gefahren? Wie kann man sich davor schützen? Worin stimmen unsere Trainer überein? Wo liegen die größten Unterschiede?

Vielleicht kann man an dieser Stelle einen berühmten amerikanischen Trainer zitieren, John Lyons, der zu seinen Schülern einmal gesagt haben soll: »To work with horses is very simple, but it's not easy.« Wenn man diesen Satz versteht, wirklich versteht, dann hat man wahrscheinlich alles gelernt, was es zu lernen gibt. Man kann die wesentlichen Dinge in wenigen Sätzen sagen. Es verwundert also nicht, dass die von uns befragten Trainer in vielen Punkten übereinstimmen. Jeder jedoch hob andere Aspekte hervor. So ergab sich ein Puzzle, das zusammengesetzt ein recht umfassendes Bild von der Arbeit mit Hengsten ergibt.

Bevor wir auf die Gemeinsamkeiten und Gegensätze genauer eingehen, gilt es, eine wichtige Grundlage zu erläutern, die bei den Gesprächen kaum Erwähnung fand. Die Rede ist vom Natural Horsemanship.

Die Prinzipien des Natural Horsemanship fanden unter guten Trainern bereits breite Anwendung, als der Begriff noch kaum bekannt war. Bis auf wenige Ausnahmen haben alle wichtigen Lehrmeister der Reiterei die Meinung vertreten, dass Druck Gegendruck erzeugt, dass man die Pferde beobachten und aus ihrem Verhalten lernen müsse.

Wir empfehlen deshalb jedem, sich intensiv mit den Lehren und den Gedanken des Natural Horsemanship vertraut zu machen. Hier die wichtigsten Punkte:

- **Die Körpersprache der Pferde studieren**
- **Lernen, den Augenausdruck der Pferde zu deuten**
- **Sich immer richtig zum Pferd zu positionieren**
- **Aufbauen und nachlassen von Druck zum richtigen Zeitpunkt**
- **D.h.: Den Druck sofort wegnehmen, wenn es etwas richtig macht oder auch nur den Versuch unternimmt**
- **Eigene geeignete Kommunikationsmittel entwickeln**
- **Alles wird in kleinen Schritten gelernt**
- **Sich nicht von einem Pferd die Bewegungsrichtung oder die Geschwindigkeit vorgeben lassen**
- **Eine Verbindung zum Pferd herstellen, bevor mit ihm trainiert wird**

Es gibt viele Ansätze und Methoden, zum Teil auch geschützte Verfahren im Natural Horsemanship. Wir wollen und können an dieser Stelle keine Gewichtung vornehmen. Es ist zum Teil eine Frage der eigenen Veranlagung, der eigenen Vorlieben und persönlicher Sympathie, welcher Methode man den Vorzug gibt. Bevor man mit einem Hengst arbeitet, sollten die oben genannten

Punkte und die damit verbundenen Techniken jedoch in Fleisch und Blut übergegangen sein.

Auf unsere Eingangsfrage, wo denn die größten Unterschiede bei der Arbeit mit Hengsten, Stuten und Wallachen lägen, kamen die meisten zu dem Schluss, dass es eigentlich keine gibt. Was die technischen Aspekte angeht, haben sie durchaus Recht. Und so wurde die Frage wohl auch interpretiert. Eine Stute wird genauso rückwärts gerichtet wie ein Hengst. Die Hilfengebung unterscheidet sich nicht. Der Trainingsaufbau, vor allem in den frühen Jahren, ist identisch. Die Unterschiede werden auf der Beziehungsebene deutlich. Hengste sind viel stärker auf intakte Beziehungen angewiesen, auf ein stressfreies Umfeld, auf den sozialen Kontakt. Mit einem Hengst muss man zunächst die Beziehung klären. Erst dann kann man an die gemeinsame Arbeit gehen. Und das fast täglich. Peter Kreinberg brachte zusätzlich auf den Punkt, was andere wahrscheinlich auch beobachtet haben: Ein Hengst muss einen Grund haben, etwas zu tun. Kreinberg sagt: »Das Sinngebende ist entscheidend!« Wir wissen es nicht, aber vielleicht ist das durchaus dem von Richard Hinrichs geforderten »Funktionszusammenhang« ähnlich. Hinrichs sagt, dass Hengste die Dinge in einen für sie logischen Funktionszusammenhang bringen müssen. Man kann auch vereinfachend sagen: Hengste müssen verstehen, was man von ihnen will – verstehen und akzeptieren.

Ein Punkt, in dem sich alle einig sind, ist die Sozialisation von Fohlen und Jungpferden. Einhellig wurde davor gewarnt, Fohlen zu früh von Mutter und Herde zu isolieren. Fohlen müssen im Sozialverband aufwachsen, um zu lernen, um ihretwillen und um unsertwillen. Für den Hengstkäufer ergibt sich daraus automatisch die Schlussfolgerung, das Pferd vor dem Kauf mehrmals zu beobachten und vom Verkäufer Einzelheiten zu seiner bisherigen Geschichte zu erfahren. So kann man sich teilweise vor unliebsamen Überraschungen schützen. Man sollte sich nicht scheuen, darauf zu bestehen, den ins Auge gefassten Hengst auch über einen längeren Zeitraum mehrfach im Herdenverband beobachten zu können. Hier zeigt sich schnell, welchen Charakter er hat und wie er sozialisiert wurde. Von vorneherein isolierte Hengstfohlen, die nur mit ihrer Mutter aufgewachsen und unter Umständen dann auch noch sehr früh von ihr getrennt wurden, sind generell mit Vorsicht zu genießen. Die Grün-

de hierfür hat unter anderen Frederic Pignon ausführlich dargelegt. Man kann dem jungen Hengst zwar noch sehr vieles beibringen, aber die grundlegende Erziehung, die er in einer auch noch so kleinen Herde erhalten hätte, lässt sich vom Menschen nicht nachholen. Selbst die spätere Integration in eine andere Herde oder das enge Zusammenleben mit anderen Pferden würde wahrscheinlich immer mit Komplikationen verbunden sein.

Der Quarterhorse-Wallach (vorne Mitte) und der Quarterhorse-Palominohengst (hinten rechts) grasen friedlich in der Herde miteinander. Die drei Stuten ordnen sich unterschiedlich und abwechselnd zu. Mittendrin: Booster, acht Wochen alt.

Die Haltung von Hengsten ist nicht einfach. Einig sind sich die Experten darin, dass auch und besonders Hengste auf sozialen Kontakt mit anderen Pferden angewiesen sind. Wie intensiv dieser Kontakt sein soll und wie man ihn herstellen kann, darüber gingen die Meinungen ein wenig auseinander. Das Verletzungsrisiko bei Hengstkämpfen hält die meisten Halter davon ab, Hengste mit anderen männlichen Pferden zusammen zu halten. Das Zusammenleben mit Stuten ist in dieser Hinsicht unproblematisch. Man nimmt natürlich in Kauf, dass sie gedeckt werden. Danach hat man allerdings mindestens ein Jahr Ruhe. Die so genannte Fohlenrosse setzt nicht bei allen Stuten ein. Wildpferde kennen sie kaum. Unter natürlichen Bedingungen nimmt sich die Stute ein Jahr Auszeit; einmal, um ihr Fohlen

groß zu ziehen, zum anderen, im Sinne der Arterhaltung, um den Bestand der Herde nicht zu gefährden. Eine Überpopulation bedeutet weniger Futter für alle. Da die domestizierten Pferde aber in aller Regel jedes Jahr einmal trächtig werden, wenn man sie lässt, muss man den Nachwuchs einkalkulieren oder Verhütung betreiben. Diese Methoden sind aber noch nicht ausreichend erforscht und bergen unkalkulierbare Risiken. Auch bei Neda Demayos Wildpferdherden, wo Verhütung sein muss, um die Anzahl der Pferde zu beschränken, schlagen die Bemühungen in etlichen Fällen fehl.

Günstig ist es immer, möglichst junge Pferde zusammen zu bringen und sie mit zwei älteren zu kombinieren. Auf diese Art kann sich eine feste Sozialstruktur bilden, in der selbst ein Hengst und ein Wallach zusammenleben können. Eine solche Konstellation muss man aber immer im Auge halten, da der Hengst von einem auf den anderen Tag die bestehende Rangordnung in Frage stellen kann. Das muss nicht in blutigen Kämpfen enden – kann es aber.

Das Mindeste, das man einem Hengst bieten muss, ist eine Box mit gutem Sichtkontakt zu anderen Pferden und täglich ausreichend Bewegung außerhalb der Box. Einige halten das schon für die Ideallösung. Wir tun das nicht. Unser Hengst lebt mit einem Wallach, drei Stuten und mittlerweile einem Fohlen zusammen in einer Herde. Er beteiligt sich ausgiebig an der Betreuung und Erziehung des Fohlens, auch wenn er sonst eine eher außen stehende Rolle einnimmt. Der ältere Wallach, Chef der Herde, akzeptiert ihn, solange er Distanz zu ihm hält. Die Stuten weisen ihn regelmäßig in die Schranken. Das Modell funktioniert seit drei Jahren und die Pferde sind glücklich damit. Wir kennen ähnliche funktionierende Herdenzu-

So bildet sich die Herdenstruktur häufig ab: Der Hengst steht isoliert am Rand mit relativ großem Abstand (außen rechts), die Stuten und das Fohlen sind beieinander, der Leit-Wallach hat alles im Auge.

sammenstellungen auch von anderen Pferdehaltern. Voraussetzung dafür ist natürlich eine Menge Platz.

Weitgehende Übereinstimmung unter den Interviewpartnern gab es auch in der Frage, wann man mit dem Training von Hengsten beginnen sollte. In den ersten beiden Jahren muss nicht viel passieren. Ganz allein sollte man das Fohlen aber auch nicht lassen. Wichtig ist, dass es sich am ganzen Körper vertrauensvoll anfassen lässt. Man kann schon mal die ersten Führübungen ohne jeden Druck machen, Hufe geben üben und Verladetraining. Wenn man das Fohlen ab und zu mal mit seiner Mutter in den Hänger laufen lässt, dann gewöhnt es sich früh daran und hält den Gang in eine dunkle Kabine ohne Ausgang nicht mehr für gefährlich. Auch die Gewöhnung an Geräusche, Plastiktüten, Planen und Wasser kann in diesem Alter spielerisch beginnen. Erst mit zwei Jahren sollte die eigentliche Arbeit anfangen. Mit dem Einreiten kann man getrost noch bis zum vierten oder sogar fünften Lebensjahr warten. Bis dahin sollte der Junghengst sich aber an die Zäumung und den Sattel gewöhnt haben, was bei gesundem Vertrauen wenige Probleme bereitet. Alle Trainer arbeiten zwar kontinuierlich, aber in eher kurzen Übungseinheiten, vor allem, wenn der Hengst noch jünger ist. Manchmal reichen zehn Minuten täglich, die mit einem Erfolgserlebnis abgeschlossen werden. Generell ist weniger mehr. Mit vier bis fünf Jahren sollte die Grundausbildung abgeschlossen sein. Zwischen vier und sieben wird der Hengst nämlich endgültig erwachsen und kann noch einmal in eine schwierige Phase kommen.

Bei der Ausbildung spielen einige Begriffe eine zentrale Rolle: Geduld, Ruhe, Gelassenheit, Gerechtigkeit, Konsequenz und Präzision. Nun haben wir bei Wörtern das Problem, dass sie unterschiedlich und sehr subjektiv empfunden und interpretiert werden. Beispielsweise wird das Wort »Konsequenz« häufig in Verbindung mit dem Wort »Härte« gebraucht und verstanden. Dazu ein Beispiel: Wir holen unseren Hengst von der Koppel, um mit ihm auf dem Platz zu arbeiten. Aus einem uns in diesem Moment unbekannten Grund will er aber die Koppel nicht verlassen und zieht zurück. Er weiß natürlich, was wir von ihm wollen. Sind wir jetzt konsequent und zwingen ihn, notfalls mit

Gewalt, uns zu folgen? Wäre das konsequent und nimmt er uns sonst nicht mehr ernst? Eine sehr praktische und in der Tat nicht leichte Frage. Wenn wir unsere Gesprächspartner richtig verstanden haben, gibt es auf die Frage zwei Antworten:

1. Konkret in der Situation sollte man es nicht auf einen Machtkampf ankommen lassen. Wenn man spürt, dass der Hengst ernsthafte Probleme damit hat, die Koppel zu verlassen, sollte man frühzeitig, das heißt, nicht erst, wenn er am Tor steigt, sondern wenn man die ersten Anzeichen bemerkt, lieber eine Führübung machen und ihn anschließend wieder entlassen.
2. Es gilt den Grund herauszufinden, weshalb er die Koppel nicht verlassen will. Meist will er nicht von seinen Freunden oder von den Stuten weg. Dann muss man es mit ihm langsam einüben. Schritt für Schritt und Meter um Meter.

Den Hengst mit allen Mitteln aus der Koppel zu zerren ist nicht das, was mit Konsequenz gemeint ist.

»Präzision« ist ein weiterer Begriff, welcher der Klärung bedarf. Er ist vielleicht nicht so missverständlich wie »Konsequenz«, aber immer noch interpretierbar genug, um Verwirrung zu stiften. Präzision heißt Genauigkeit. Genau müssen vor allem unsere Körperhaltung und unser Timing sein. Darüber hinaus gilt es, die vielen Kleinigkeiten im Verhalten eines Hengstes ständig im Auge zu behalten und darauf zu reagieren. Auch das ist Präzision. Es bedeutet, immer zur rechten Zeit, also weder zu früh noch zu spät, auf jede Aktion des Hengstes so zu reagieren, dass er es akzeptieren und verstehen kann. Präzision ist vor allem auch unter dem Sattel von entscheidender Bedeutung, denn sie beugt Missverständnissen vor. Ein präzises Kommando ist leichter zu verstehen, als ein diffuses. Und wenn ein Hengst versteht, was er tun soll, dann fühlt er sich wohler.

Die ersten kontroversen Meinungen wurden bei der Frage laut, wer sich als Hengsthalter eigne und wer nicht. Zwar war man sich einig, dass selbstsüchtige, unreife, jähzornige Menschen und solche, die sich beweisen müssen, die voller Angst und Furcht stecken, sich nicht als Hengsthalter eignen. Auch herrschte Einigkeit darüber, dass in sich ruhende Menschen, die mit sich und der Welt im Reinen sind, gute Voraussetzungen mitbringen. Es gab aber stark divergierende Positionen. Während Frederic Pignon der Meinung ist, Hengsthaltung könne durchaus von geeigneten Menschen, auch von Hengstanfängern, versucht werden, erklärt Linda Tellington-Jones, dass nur Profis, und die auch nur dann, wenn es erforderlich ist, Hengste halten sollen. Wir denken, dass es von immenser Wichtigkeit ist, sich vorher genau darüber im Klaren zu sein, was die Haltung eines Hengstes bedeutet. Schließlich trifft man eine Entscheidung, die über die Jahre Bestand haben soll. Wenn es wirklich nur darum geht, ab und zu mal in der Freizeit zu reiten, dann ist eine Stute oder ein Wallach sicher die bessere Wahl. Ein Hengst ist eine Lebensaufgabe. Mit ihm kann man wachsen oder scheitern. Wenn es keine wirtschaftlichen Erfordernisse für die Haltung eines Hengstes gibt, dann braucht man ein inneres Anliegen. Ansonsten plädieren wir für den einfacheren Weg.

Einigkeit herrschte auch bei der Frage nach dem Respekt. Dass Respekt in einer Hengstbeziehung eine tragende Rolle spielen sollte, darüber gab es keinen Zweifel. Allerdings gab es unterschiedliche Gewichtungen. Die einen sprachen mehr vom Respekt, den der Hengst vor uns haben sollte. Die anderen konzentrierten sich auf den Respekt, den wir vor dem Hengst haben sollten. Beides ist von immenser Wichtigkeit. Dem wird kaum jemand widersprechen.

Den Respekt des Hengstes müssen wir uns erarbeiten. Unser Respekt muss – weitgehend – bedingungslos sein. Respekt beschränkt sich dabei nicht auf äußere Faktoren, etwa die Einhaltung bestimmter Distanzen. Respekt ist immer der Respekt vor der gesamten Persönlichkeit des Hengstes, inklusive den Anteilen, die uns vielleicht stören. Unsere Trainer sagen, der Hengst spürt, ob er respektiert wird oder nicht. Unsere Beobachtungen decken sich damit. Ob wir respektiert werden, hängt von uns ab. Es kommt darauf an, wie wir die Begriffe Dominanz und Führung für uns interpretieren. Bei der Arbeit mit Hengsten stellen weder Dominanz noch Führung einen Wert für sich dar. Sie ergeben nur Sinn in einem Funktionszusammenhang; ein Begriff, den wir gerne bei Richard Hinrichs ausleihen, weil er sehr präzise beschreibt, wie Hengste etwas begreifen. Manchmal ist es hilfreich, ein extremes Beispiel zu nehmen, um einen Sachverhalt zu verdeutlichen:

Wenn der Hufschmied zu Sylvia und Thierry Vontobel kommt, hat alles seine Ordnung. Die Hengste sind gut erzogen und völlig friedlich. Der Hufschmied kann sie mit wenigen Lauten dirigieren.

In Pferdeherden gibt es keine Diktatoren, die willkürlich mal über diesen, mal über jenen herfallen und ihre Herde terrorisieren. Ein solcher Hengst oder eine solche Stute würde niemals von den anderen als Leittier akzeptiert. Es würde nur Angst verbreitet. So geht es auch uns Menschen, wenn wir uns im Umgang mit Hengsten wie Diktatoren gebärden. Aus lauter Angst kann der Hengst zwar zeitweise gehorchen, aber Vertrauen und Harmonie werden sich nicht einstellen. Neda Demayo bringt die Punkte Dominanz und Führung auf den Punkt, indem sie vorschlägt, uns dabei an der Mutterstute einer Herde zu orientieren. Diese Mutterstute ist allgemein akzeptiert, ihr folgt man, denn sie weiß, was am besten für alle ist. Darum geht es: Dem Hengst zu beweisen, dass wir wissen, was am besten für ihn ist. Die Begriffe Dominanz und Führung gehören wohl zu den missverständlichsten in der Pferdeerziehung – bestenfalls noch zu vergleichen mit der Kommunikation. Niemand käme auf den Gedanken zu behaupten, Kommunikation im Umgang mit Hengsten sei unwichtig. Aber was jeder darunter versteht, dazwischen können Welten liegen.

Kommunikationsforschung ist auch im Zwischenmenschlichen ein weites Feld. Man tut gut daran, einige Erkenntnisse dieser noch relativ jungen Wissenschaft zu berücksichtigen, denn in wesentlichen Teilen lassen sie sich auf unser Verhältnis zu Pferden übertragen. Dass wir mit unserer Stimme kommunizieren, ist jedem klar. Dass wir auch mit dem Körper kommunizieren, setzt sich als Erkenntnis langsam durch. Dass kleinste Bewegungen der Augen Signale für ein Pferd sein können, lässt sich nachvollziehen. Dass aber Pferde unsere Gedanken und Gefühle lesen können, wir also umgekehrt über Visualisierungen mit ihnen kommunizieren können, geht vielen doch noch einen Schritt zu weit. Das Phänomen, dass Hunde unsere Angst wittern können, gilt allgemein als anerkannt. Wenn aber Hunde das können, warum dann ein Pferd nicht? Stimmen wir dem zu, muss auch ein anderer Schluss erlaubt sein: Wenn negative Gefühle wahrnehmbar sind, dann sind es auch positive. Wir wollen hier keine Grenzen zwischen richtig und falsch ziehen. Unsere Vorstellung von Kommunikation sollten wir aber überprüfen und möglichst weit fassen. Dazu gehört auch, unsere Wahrnehmung zu schulen und zu verfeinern. Dann begeben wir uns vielleicht auf einen Weg, den Magali Delgado und Frederic Pignon mit ihren Hengsten bereits beschritten haben.

Kontrovers werden die Themen Körperkontakt, Berührung und »mit einem Hengst spielen« bewertet. Ernst Bachinger von der Spanischen Hofreitschule sah sich zu der noch relativ zurückhaltenden Bemerkung veranlasst, dass er das Spielen mit Hengsten kritisch sehe. Am besten, man bildet sich selbst ein Urteil, indem man raus auf die Koppel geht und versucht, mit seinem Hengst zu spielen. In den meisten Fällen wird das nicht gut gehen, und wir raten dringend davor ab, selbst Fohlen zum Spielen aufzufordern. Beim Spielen mit Hengsten landet man entweder im Krankenhaus oder man muss seinen Hengst frustrieren und irritieren, weil man ihn für seine Spiellust maßregeln muss. Magali und Frederic wären die Letzten, die uns zum Spielen mit Hengsten auffordern würden. So etwas geht nur, wenn man über jahrzehntelange Erfahrung verfügt und seinen Hengst langsam daraufhin trainiert hat. Und selbst dann bleibt es gefährlich, denn ein übermütig freudiges Zucken der Hinterhand kann uns ein paar gebrochene Rippen oder eine zertrümmerte Kniescheibe kosten. Spielen mit Hengsten ist etwas für erfahrene Trainer. Die Idee des Spielens sollten wir uns jedoch zu Eigen machen und nicht jede Lebensäußerung eines Hengstes direkt als Angriff auffassen und sie zu unterbinden suchen. Spielen hat auch viel mit Berührung und Körperkontakt zu tun.

Für Mark Rashid, dessen Erfahrung im Umgang mit Problempferden man nicht hoch genug einschätzen kann, sind Berührungen zu häufig von menschlicher Interpretation begleitet. Auch Jean-Claude Dysli tendiert zu eingeschränktem Körperkontakt. Gemeinsam mit ihnen vertreten viele diese Meinung; Respektlosigkeit und mangelnde Distanz seien die Folgen. Ganz anders Magali Delgado, Frederic Pignon, Linda Tellington-Jones und Ingrid Klimke. Für sie ist der tägliche Körperkontakt zu ihren Hengsten ein Teil der Ausbildung und eine der Grundlagen für Vertrauensbildung. Lindas gesamte TTouch-Methode basiert auf Berührungen. Hier eine Entscheidung zwischen den verschiedenen Meinungen zu treffen ist unmöglich. Alle Trainer erzielen mit ihren Methoden hervorragende Ergebnisse. Vielleicht kommt man der Sache aber näher, wenn man die scheinbar unausweichliche Konfrontation zwischen den Standpunkten einfach außen vorlässt und nach Gemeinsamkeiten Ausschau hält. Und die gibt es tatsächlich. Mark Rashid sagt, er sei kein Baum oder Pfahl, an dem ein Hengst sich kratzen könne. Wir glauben, auch Frederic würde diesen Satz unterschreiben. Wenn wir einen Hengst berühren, dann werden wir aktiv und stellen uns nicht als Scheuerbalken zur Verfügung. Auch lassen wir uns nicht wegdrängen oder durch die Gegend schieben und krabbeln dem Hengst zur Belohnung und aus Unsicherheit die Ohren oder tätscheln seinen Hals. Berührung ist ein Mittel der Kommunikation und wird als solches auch von Mark Rashid toleriert und selbst eingesetzt – zugegeben spärlicher als von Magali, Linda oder Frederic. Aber auch deren Botschaft lautet nicht, täglich intensiv mit Hengsten zu schmusen. Berührung ist ein Ausdruck von Zuneigung, also ein Mittel der Kommunikation. Auch Pferde untereinander berühren sich auf vielerlei Weise. Unbedingt tolerieren muss man auf jeden Fall, wenn ein Hengst die Berührung ablehnt. Das muss keine Zurückweisung sein. Manche mögen es nicht, so wie Frederics Hengst Templado.

»Alles ist Gift, es hängt nur von der Dosierung ab.« Dieser Satz gilt auch für den Körperkontakt zu Hengsten, wenn man hinzufügt »... und von der jeweiligen Verfassung.«

Wirkliche Profis und Pferdekenner unterscheiden sich grundlegend nur in sehr wenigen Details. Die verschiedenen Aspekte und Schwerpunkte, die sich zum Teil aus den Einsatzbereichen der Trainer erklären lassen, machen den Unterschied aus. Zudem macht jede und jeder mit Hengsten zwar immer wieder die gleichen, aber eben auch sehr unterschiedliche Erfahrungen. Diese prägen die Art und Weise, wie wir unsere Beziehung zu unserem Pferd definieren. Die subjektive Komponente, die ganz persönliche und individuelle Seite der Beziehung zum jeweiligen Pferd spielt bei Profis wie bei Freizeitreitern eine gleichermaßen wichtige Rolle. Bei allem Hang zur Objektivität und zur Professionalisierung: Wir dürfen unseren Hengst auch einfach nur gern haben.

6

Die zehn wichtigsten Fragen für Hengsthalter

Um es ganz deutlich zu sagen: Hengsthaltung kann das Leben äußerst verkomplizieren und ein wirklicher Stressfaktor sein. Wer also mit dem Gedanken spielt, einen Hengst zu halten, sollte diese Entscheidung nicht leichtfertig treffen und sich von seinen Gefühlen hinreißen lassen. Im eigenen Interesse, aber vor allem auch im Interesse des Hengstes, gilt es, sich einige Fragen zu stellen und ehrliche Antworten darauf zu finden.

Wir haben uns bemüht, die Ausführungen unserer Interviewpartner auf diesen Punkt hin zu durchforsten. Das Ergebnis sind die zehn folgenden Fragen, mit denen man sich unbedingt konfrontieren sollte, bevor man die Entscheidung trifft. Manche der Fragen betreffen einfache technische Dinge, andere berühren Teile unserer Persönlichkeit, über die wir uns möglicherweise nicht immer ganz im Klaren sind. Aber gerade diese Fragen sind wichtig. Einen Stall kann man noch bauen und eine Koppel ist gegebenenfalls zu pachten. Aber wie verhält es sich mit der Fähigkeit, Geduld aufzubringen? Kann ein ansonsten chronisch ungeduldiger Mensch plötzlich den Schalter umlegen und sich bei der Arbeit mit einem Hengst als Geduldsengel entpuppen?

Die Antwort ist »Ja«. Das haben wir erlebt, gesehen und gehört. Menschen entwickeln im Umgang mit Tieren plötzlich Eigenschaften, die sie normalerweise nicht abrufen können. Aber die Frage lautet: Kann ich das?

Verfüge ich über die nötige Infrastruktur?

Prinzipiell gibt es zwei Möglichkeiten, einen Hengst, oder generell ein Pferd zu halten. Entweder man verfügt über genügend Land und ein Haus mit Stall und Scheune oder man entschließt sich, seinen Hengst als Einstaller in einem Reitbetrieb unterzubringen. Einen entsprechenden Betrieb zu finden, der willens und in der Lage ist, kann problematisch werden. Viele wollen keinen Hengst in ihrem Stall, weil sie Unruhe und Probleme mit anderen Kunden befürchten. Oft fehlt auch die Erfahrung im Umgang mit Hengsten. Schwierig wird es in jedem Fall, wenn es bereits einen Hengst im Stall gibt.

Findet man trotzdem einen geeigneten Betrieb, gilt es, auf folgende vier Punkte besonders zu achten:

- **Hat der Hengst einen genügend großen Paddock?**
- **Hat er ausreichend Sichtkontakt zu anderen Pferden im Stall und außerhalb?**
- **Kommt er regelmäßig, mindestens einmal täglich für ein paar Stunden, auf die Koppel?**
- **Sind die Pfleger und der Betriebsinhaber im Umgang mit Hengsten geübt?**

Bei der Suche sollte man sich Zeit lassen. Es gibt Ställe, die auf Hengsthaltung spezialisiert sind. Findet man einen in der Nähe, sollte man ihn auf jeden Fall vorziehen. Ein falscher Platz führt zwangsläufig zu nervenaufreibenden Zwischenfällen und wird sich negativ auf das Gesamtbefinden des Pferdes auswirken.

Die bessere Lösung ist es, den Hengst im eigenen Stall zu halten. Dort ist der Kontakt intensiver und man kann das Umfeld hengstgerecht gestalten. Aber natürlich sind auch dabei, die oben genannten Punkte zu beachten. Idealerweise wird er Mitglied eine Herde oder bekommt seine eigene kleine Herde.

Ein ganz junger Hengst, bis zu zwei Jahren oder länger, kann noch mit einem älteren und erfahrenen Wallach zusammengestellt werden. Je nach Veranlagung wird er sich dem Wallach unterordnen. Man muss die Situation aber ständig im Auge behalten, denn der Hengst wächst heran und wird sich eines Tages mit dem Wallach messen wollen. In einigen wenigen Fällen kann ein Hengst die Führungsrolle eines älteren Wallachs auch auf Dauer akzeptieren. Je jünger der Hengst an die Herde herangeführt wird, desto besser sind die Chancen.

Gibt man ihm seine eigene Herde, wird er sich von den Stuten zunächst einmal viele Tritte abholen. Vor allem ältere Stuten akzeptieren junge Hengste nicht. Der heranwachsende Hengst führt auch in der Herde ein Einzelgängerdasein. Er steht meist isoliert von den anderen und nimmt in vielerlei Hinsicht einen niedrigen Rang ein.

Bei der Kaufentscheidung sollte die Frage nach der Kinderstube eine große Rolle spielen. Wie in den Gesprächen zur Genüge erklärt, ist es wichtig, dass ein Hengst in einer Herde aufgewachsen ist und dort sozialisiert wurde. Kurze Zeit nach dem Absetzen ist ein guter Kaufzeitpunkt, da er dann nach neuer Orientierung und Schutz sucht und deshalb vielleicht geneigt ist, sich einer menschlichen Führung zu überlassen. Je älter der Hengst ist, desto erfahrener muss man sein. Wer über keine oder wenig Hengsterfahrung verfügt, sollte kein Tier im Alter zwischen drei und sieben Jahren kaufen. In diesem Alter gehört ein Hengst in professionelle Hände. Ältere Hengste mit einer guten Ausbildung hingegen sind wieder leichter zu handhaben.

Auf jeden Fall braucht man ausreichend Platz. Wenn ein Hengst von einem anderen Hengst, von einem Wallach oder auch von Stuten ernsthaft gejagt wird, dann braucht er Platz, um auszuweichen. Hundert Meter bis zur nächsten Ecke reichen da nicht. Genügend Distanz führt zu weniger Stress – weniger Stress zu weniger Aggression. Und man sollte sich nicht der Illusion hingeben, dass ein Elektrozaun oder auch ein Bretterzaun einen Hengst aufhalten können. Im Ernstfall läuft er geradewegs hindurch. Wenn man einen erregten Hengst also von anderen Pferden fernhalten muss, dann ist ein solider Bohlenzaun die einzige Lösung. Zur Bodenarbeit ist ein Roundpen fast zwingend erforderlich.

Will man keinen Nachwuchs züchten, hat man auch keinen Wallach, der mit dem Hengst stehen kann und findet man keinen Platz, wo er mit anderen Hengsten sein kann oder einen Stall, der ihm unter professioneller Betreuung einen Platz unter anderen Pferden gibt – kurzum, wäre man also gezwungen, den Hengst zu separieren, dann sollte man auf eine Hengsthaltung besser verzichten. Wir sagen das in aller Deutlichkeit.

Habe ich genügend Zeit?

Ein Hengst braucht fast täglichen Kontakt. Es reicht nicht aus, einmal die Woche vorbeizuschauen. Besonders während der Ausbildung muss man viel Zeit investieren. Hengste sind mehr als andere Pferde auf Beziehung und Vertrauen angewiesen.

Steht das Pferd nicht vor der Haustür, muss man zudem die Fahrtzeiten einkalkulieren. Zehn Stunden Zeitaufwand pro Woche sind nicht zu hoch gegriffen. Die Entscheidung für einen Hengst ist so zwangsläufig auch immer die Entscheidung gegen etwas anderes, denn der Tag hat bekanntlich nur 24 Stunden. Ein Hengst ist eine ernst zu nehmende Aufgabe und kein Zeitvertreib.

Es gilt zu überprüfen, ob man auch gewillt ist, nach der anfänglichen Euphorie und über die Jahre hinweg, einen solchen Zeitaufwand zu betreiben. Pferde können 30 Jahre alt werden, und wenn man sie nicht hin und her schieben will wie ein Stück Möbel, dann hat man einen Partner für fast das halbe Leben. Die Zeit ist also durchaus auch ein langfristig zu bedenkender Faktor.

Hat mein Hengst genügend soziale Kontakte?

Diese Frage wurde bereits weiter oben im Rahmen der nötigen Infrastruktur angesprochen. Es kann nicht oft genug gesagt werden, dass ein Hengst ohne ausreichende soziale Kontakte zum Monster werden kann.

Selbst mit einer vernünftigen Boxenhaltung mit angrenzenden Paddocks sind Sozialkontakte möglich. Viele praktizieren das so. Wir haben es im Zirkus Knie, bei Richard Hinrichs und im Zeltstall von Magali Delgado und Frederic Pignon gesehen. Voraussetzung ist, dass der Stall von der Box aus überblickt werden kann. Zwischen den Paddocks können Gassen gelassen werden, um Auseinandersetzungen über den Zaun hinweg zu vermeiden. Die Tiere entwickeln im Laufe der Zeit auch in einer solchen Konstellation ein Herdengefüge. Wie fragil das ist, merkt man, wenn die Boxenbelegung geändert wird. Manche können es nicht miteinander. Das muss unbedingt respektiert werden. Und auch in der Boxenhaltung ergibt sich eine Hierarchie. Der Leithengst muss dort stehen, wo er alle anderen im Blick hat.

Die freie Haltung auf der Koppel im Verband mit anderen Pferden ist dem natürlich vorzuziehen, lässt sich aber nur von wenigen realisieren, denn der Platzbedarf ist immens. Der Idealfall wäre die Haltung in einer natürlich gewachsenen Herdenstruktur, wo der Hengst auch Erziehungsaufgaben bei den Fohlen übernimmt.

Separierte, in Einzelhaft gehaltene Hengste können zu tickenden Zeitbomben mutieren. Ihr psychisches Gleichgewicht gerät aus den Fugen. Als Folge kann im Laufe der Zeit jeder Kontakt zu anderen Pferden für den Hengst in der Tierklinik und für den Halter auf der Unfallstation enden. Wir müssen uns nur selbst in ihre Lage versetzen. Ohne soziale Kontakte werden wir psychisch und körperlich krank.

Nach wie vor ist der Quarterhorse-Wallach Special der unangefochtene Chef der Herde. Auch mit vier Jahren und nachdem er in der Herde bereits Nachkommen gezeugt hat, gibt sich Bisquit unterwürfig.

Reichen meine reiterlichen Fähigkeiten?

Hier ist die Hand auf dem Herzen gefragt. Einen willigen, gut gelaunten und gut erzogenen Hengst zu reiten ist nicht schwieriger, als einen Wallach oder eine Stute zu reiten. Aber wenn ein Hengst nicht will, dann will er nicht. Und wenn man nicht gelernt hat, mit einer solchen Konfrontation umzugehen, landet man rasch bei einem Machtkampf, der, das haben wir in allen Gesprächen bestätigt bekommen, nur Verlierer kennt.

Als unerfahrener Reiter einen Hengst zu reiten ist abenteuerlich und unverantwortlich. Selbst langjährige Reiter, die aber keine Erfahrung mit Hengsten haben, scheuen oft

das Wagnis. In der Tat muss man einen ausgesprochen ausbalancierten Sitz haben, eine sehr ruhige Hand, eine behutsame Zügelführung. Baut man zu viel Druck auf, können Hengste äußerst gereizt reagieren. Lässt man ihnen zu viel Spiel oder gibt ihnen unklare Signale, werden sie verwirrt. Das Ergebnis ist das Gleiche.

Natürlich hängt alles vom Charakter des Hengstes ab, und es gibt immer wieder den absolut braven Hengst, auf dem man jedes Kind setzen kann – gibt es vielleicht wirklich, aber wir bleiben skeptisch. Lieber schließen wir uns der Verallgemeinerung an: Ein Hengst bleibt immer ein Hengst.

Reichen meine Fähigkeiten in der Bodenarbeit?

Man muss natürlich kein Trainer sein und kein Horsemanship-Profi, um einen Hengst zu halten oder zu reiten. Aber viele Voraussetzungen für ein gutes Verhältnis unter dem Sattel werden am Boden geschaffen. Es ist also durchaus sinnvoll und erforderlich, ausreichende Kenntnisse der Bodenarbeit zu haben oder zu erwerben.

Vor allem Vertrauen und Willigkeit schafft man zuerst am Boden. Dabei ist der Begriff der Bodenarbeit durchaus sehr weit zu fassen. Die Stellung zum Pferd gehört ebenso dazu, wie das Führen und das Hufereinigen. Immer tritt man in Interaktion mit dem Pferd. Immer dringt man in seine Sphäre ein und verletzt unter Umständen seine Individualdistanz. Geduld, Geduld und wieder Geduld ist die entscheidende Tugend.

Am Boden werden auch die meisten Fehler korrigiert. Deshalb muss man auch immer wieder zur Bodenarbeit zurück. Einen Hengst gewinnt man am Boden, sagen viele Trainer. Ein Hengst, der sich nicht führen lässt, wird sich nur schwerlich gut reiten lassen. Leider neigen viele dazu, der Arbeit auf Augenhöhe wenig Bedeutung beizumessen, obgleich hier die Weichen für alles Weitere gestellt werden. Man gewinnt ein Gefühl für den Rhythmus der Bewegungen, für die Stärken und Schwächen unter verschiedenen Bedingungen. Rückwarts richten wird hier gelernt, ebenso wie ruhiges Stehen beim Trensen und Satteln. Vor allem aber lernt man, seinen Hengst zu beobachten und darauf zu achten, was er mitzuteilen hat. Das sind unschätzbare Hilfen für die Zeit unter dem Sattel.

Besitze ich genügend Geduld?

Um mit Hengsten arbeiten zu können, ist Geduld eine der wichtigsten Voraussetzungen – Geduld mit dem Hengst und Geduld mit sich selbst! Manche Dinge funktionieren zwar erstaunlich schnell, aber die meisten erfordern viel Zeit. Vor allem dann, wenn man etwas bereits Gelerntes plötzlich wiederholen muss, weil man irgendeinen Fehler gemacht hat. Der schnelle Weg bei der Arbeit mit Hengsten ist immer der längere. Hengste haben keine Vorstellung von Zeit, jedenfalls nicht in dem uns bekannten Sinne. Eilig haben sie es nur, wenn es ums Fressen geht oder darum, zu ihrer Herde oder ihren Stuten zu kommen. Sich eine Trense anziehen zu lassen, ist ihnen zunächst einmal unangenehm. Warum also sollten sie sich damit beeilen?

Jeder Hengsthalter muss sich ernsthaft prüfen, ob er genügend Geduld mitbringt. Ungeduld verursacht (unkontrollierten) Druck. Druck verursacht Stress und Stress verursacht, bereits mehrfach gesagt, Aggression. Das gilt es unter allen Umständen zu vermeiden. Um Geduld aufzubringen, muss man lernen, andere Lebewesen lassen zu können. Das hat viel mit Respekt zu tun. Vielleicht ist heute einfach ein schlechter Tag für diese oder jene Übung. Vielleicht bringt man selbst zu bestimmten Zeiten nicht die nötige Einstellung mit. Vielleicht geht manches einfach langsamer als man hoffte. Wer ungeduldig ist, wird schnell ungerecht. Was kann der Hengst dafür, wenn der gestresste Halter am Abend noch verabredet ist oder statt im Stall eigentlich bei einer anderen Arbeit sein sollte? Ist man in der Lage, solche Situationen wahrzunehmen und zu analysieren, dann fällt es leichter, einfach mal die Übung zu lassen, stattdessen nur einen kleinen Spaziergang zu machen und sich wieder anderen Dingen zuzuwenden. Man kann mit einem Hengst nichts erzwingen. Hengstarbeit ist immer auch Arbeit an sich selbst.

Habe ich eine innere Ruhe und Ausgeglichenheit oder kann ich sie herstellen?

Natürlich hat diese Frage viel mit der vorherigen zu tun. Trotzdem beleuchtet sie einen anderen Aspekt unserer inneren Verfassung. Viele unserer Gesprächspartner sagten, der ideale Hengsthalter sei ein ausgeglichener Mensch. Wissend, dass man das nicht immer sein kann, forderte Richard Hinrichs vom Hengsthalter die Fähigkeit, diese Ausgeglichenheit herbeiführen zu können.

Was bedeutet das aber?

Es bedeutet zunächst, dass man die Arbeit mit Hengsten ernsthaft betreibt, dass man sie gerne tut, dass man selbst aus ihr gewinnt. Es bedeutet ferner, dass man sich konzentrieren kann, in der Lage ist, das Außen abzuschalten. Wichtiger und schwieriger aber ist es, das Innere abzuschalten. Man kann nicht einem Hengst Vertrauen und Führungsqualität vermitteln, wenn man mit seinen Gedanken und Gefühlen ganz irgendwo anders ist. Hengste spüren das. Sie haben einen feinen Sinn dafür, ob sich Energien konzentrieren oder ob sie zerfahren, ungebündelt und ungelenkt sind.

Man muss nicht auf dem Weg zu innerer Erleuchtung sein. Aber man muss in der Lage sein, Stress, Ängste und Befürchtungen abzuschütteln, sie da zu lassen, wo sie hingehören. Ein hohes Maß an Bewusstheit ist erforderlich, um diese Selbstdisziplin aufzubringen. Das viel beschworene »sich selbst hinterfragen« endet nicht bei vergleichsweise trivialen Dingen wie: Habe ich heute beim Longieren richtig zum Pferd gestanden? Es sollte vielmehr dahin führen, die Verantwortung für Misslungenes, für große und kleine Katastrophen aller Art nicht zuerst beim Hengst zu suchen, sondern bei sich selbst. Einen Hengst kann man nicht ändern, sich selbst sehr wohl.

Muss ich mich beweisen?

Natürlich muss man sich beweisen. Männer müssen sich beweisen und Frauen müssen sich beweisen. Das ist per se nichts Schlechtes. Man kann und sollte sich immer wieder beweisen, aber nicht bei der Arbeit mit Hengsten. Gemeint ist das verkrampfte »sich beweisen müssen«, der eigentlich aus Unsicherheit resultierende Drang, es jemandem und sich selbst zu zeigen. Zu beweisen, dass man einen mächtigen Hengst kontrollieren kann, führt ohne Umwege zu einem Kampf mit einem mächtigen Gegner – und zu einer Niederlage. Peter Kreinberg war der Meinung, dass junge Männer und Hengste eine denkbar schlechte Kombination abgeben. Der Grund liegt auf der Hand. Junge Männer wollen sich dauernd beweisen. Sie müssen Erfolge haben, der Stärkste, der Beste sein. Sie wollen kämpfen. Im gesetzten Alter verlieren solche Dinge an Wichtigkeit.

Die Kämpfe mit Hengsten beginnen häufig mit Kleinigkeiten. Beim Führen zieht er mit dem Kopf nach rechts und ich reiße ihn nach links zurück. Beim Hufereinigen zuckt er mit der Hinterhand und bekommt einen Tritt oder Schlag. Dahinter steckt der fatale Irrtum, dass wer nicht gewinnt, verliert. Bei der Arbeit mit Hengsten aber geht es um Partnerschaft. Einen Hengst muss man überzeugen, man kann ihm keine Anweisungen geben. Oder man kann, aber er wird sie nur befolgen, wenn er sich respektiert fühlt und wenn er die Anweisung in einen für ihn sinnvollen Zusammenhang setzen kann. Wer sich unbedingt beweisen muss, der kann das hervorragend bei anderen Sportarten tun, ohne dass andere dabei Schaden nehmen.

Bin ich jähzornig?

Warum ist diese Frage so wichtig? Jähzorn macht einen Menschen unberechenbar und ungerecht. Genau das aber sind Faktoren, die einen Hengst ebenso unberechenbar und aggressiv werden lassen. Einmal ausgebrochen ist Jähzorn unkontrollierbar. Mit Jähzorn bewirkt man all das, was man nach Meinung vieler Trainer unbedingt vermeiden muss.

Jähzorn äußert sich nicht immer in lauten und spektakulären Wutausbrüchen. Es gibt einen stillen Jähzorn, der im Umgang mit Hengsten nicht minder verheerend ist.

Wer sich also seines Jähzorns bewusst ist, der sollte einen Hengst als Reittier nicht ernsthaft in Betracht ziehen. Oft bereuen jähzornige Menschen im Nachhinein ihr Tun. Damit kann man einen Hengst allerdings nicht beeindrucken. Das verlorene Vertrauen ist nur schwer wieder zu gewinnen.

Bin ich selbstsicher?

Selbstsicherheit, ein gutes Selbstbewusstsein, ist der Schlüssel zum Umgang mit Hengsten. Ein Hengst erkennt einen unsicheren Menschen, auch wenn er sich noch so verstellt, noch bevor er das Tor zur Wiese geöffnet hat. Selbstsichere Menschen müssen anderen nichts beweisen, sie müssen nicht immer gewinnen, brauchen nicht zu kämpfen, ruhen in sich und neigen selten zum Jähzorn. Der Begriff beinhaltet also vieles, vom dem bereits die Sprache war, ist aber mehr als nur dessen Summe. Selbstsicherheit gibt dem Hengst Vertrauen. Wie kann ein Hengst einem Menschen folgen, seine Existenz in seine Hände legen, der unsicher ist, der keine Entscheidungen treffen kann, der voller Ängste steckt und sich fortwährend für seine Existenz entschuldigt? Das wäre zu gefährlich. Selbstsicherheit basiert nicht auf Muskelkraft und ist deshalb keine vorwiegend männliche Eigenschaft. Selbstsicherheit bedeutet, führen zu können. Selbstbewusstsein bedeutet, sich seiner selbst bewusst zu sein, seine Stärken und Schwächen zu kennen und sie zu akzeptieren. Selbstbewusstsein ist eine Grundlage für Selbstsicherheit, aber nicht damit zu verwechseln.

Sich diese Fragen zu stellen und, noch schlimmer, sie ehrlich zu beantworten, ist eine schwierige Übung. Das eigene Gefühl ist jedoch meist eindeutig und lässt sich nicht täuschen, so sehr wir auch bemüht sind, Erklärungen und Entschuldigungen für Unsicherheiten zu finden.

Authentische Menschen sind selbstsicher. Die Frage kann also auch lauten: Bin ich authentisch? Stimmen meine Gedanken, Worte und Taten überein? Ein Beispiel aus dem Berufsleben dazu: Ich habe eigentlich Angst davor, Verantwortung zu übernehmen, behaupte aber, das sei ein Kinderspiel. Anschließend irritiere ich meine Mitarbeiter und gefährde das Projekt, weil ich nicht in der Lage bin, Entscheidungen zu treffen.

Ein Hengst spiegelt solche inneren Zustände in sehr kurzer Zeit. Man kann ihn nicht dazu bewegen, vorwärts zu gehen, also zu folgen. Er zeigt keinen Respekt, benimmt sich unter Umständen desinteressiert oder sogar aggressiv, weil er durch Doppelbotschaften irritiert wird. Leider wird häufig versucht, Unsicherheit durch Machtgehabe zu kompensieren. Bei Menschen mag das eine Zeitlang funktionieren, bei Hengsten nie.

Susan Pfeifer & Peter Clotten

Susan Pfeifer kam 1964 in Bremen zur Welt. Als Kind verbrachte sie mehrere Jahre in Berkeley, Kalifornien, wo ihr Vater als Physiker arbeitete. Zurück in Deutschland wandte sie sich bald den Pferden zu und begann wie so viele ihre Ausbildung in einem Reitstall. Mit 20 Jahren ritt sie M- und S- Lektionen, wandte sich später auch dem Westernreiten zu. Nach dem Abitur studierte sie Anglistik und Völkerkunde in Bonn. 1988 unterbrach sie ihre Ausbildung und begab sich ein Jahr lang auf Weltreise. Danach gab sie ihr Studium auf und absolvierte eine Ausbildung zur staatlich geprüften Heilpraktikerin, der sich ein Studium der Klassischen Homöopathie bei Georgos Vithoulkas in Griechenland anschloss. Seitdem führt sie eine Praxis für Klassische Homöopathie in Jülich.

Nachdem sie 1998 Peter Clotten kennen lernte, beschlossen die Beiden, dass eine Biographie über den Träger des Alternativen Nobelpreises, Georgos Vithoulkas, überfällig sei. Im Jahr 2001 wurde das Erstlingswerk in Deutschland veröffentlicht. Peter Clotten war damals bereits seit fast einem Jahrzehnt journalistisch tätig. Vorher hatte er viele Jahre im Nahen und Mittleren Osten, sowie in Nordafrika zugebracht.

Kontakt: susanpfeifer@gmx.de

Danksagungen

In erster Linie schulden wir unseren Interviewpartnern den größten Dank. Bei gefüllten Terminkalendern nahmen sie sich Zeit und brachten eine gehörige Portion Geduld mit uns auf, wenn wir zum x-ten Mal den Unterschied zwischen Hengsten und anderen Pferden auf den Punkt bringen wollten. Dank auch für die zur Verfügung gestellten Fotos und deren Vermittlung.

Dem Verlag danken wir, insbesondere Claudia König, die unser Projekt richtig verstanden und es gefördert hat. Ohne sie gäbe es dieses Buch nicht.

Dank gebührt auch dem Ehepaar Sylvia und Thierry Vontobel und der irischen Distanzreiterin Iona Rossely für ihre Zeit und ihre Gastfreundschaft.

Danken wollen wir nicht zuletzt auch unserem Hengst Leo's Golden Bisquit. Bis er das Lesen erlernt hat, werden wir ihm ein paar Karotten vorbeibringen.